土木、建筑、环境学科平台课程系列教材

华中科技大学精品教材

阴影与透视

（第二版）

主 编 王晓琴 贾康生

华中科技大学出版社

中国·武汉

内容简介

本书分为两部分：阴影与透视部分和阴影与透视练习题部分。阴影与透视部分共 4 章，主要内容有：正投影图的阴影，轴测图上的阴影，透视图，透视图中的阴影、倒影与镜像。阴影与透视练习题部分与阴影与透视部分同步。习题量适中，难易搭配。

《阴影与透视》与《工程制图与图学思维方法》配合使用。

与本书配套的教学光盘是本书内容的补充和延续。在配套的教学光盘中有 3 部分内容：教学内容、与教材内容配套的习题及习题解答、建筑图及建筑风光欣赏。

本书可作为普通高等学校、高职学校的教材使用，也可作为建筑设计人员、美术专业工作者的参考、自学、培训用书。

本书叙述由浅入深，循序渐进，简明实用，方便自学。

本书的教学需 35～50 学时。

图书在版编目(CIP)数据

阴影与透视(第二版)/王晓琴，贾康生主编. —武汉：华中科技大学出版社，2012.1
ISBN 978-7-5609-3507-2

Ⅰ.①阴… Ⅱ.①王… ②贾… Ⅲ.①建筑制图-透视投影-高等学校-教材 Ⅳ.①TU204

中国版本图书馆 CIP 数据核字(2011)第 186782 号

阴影与透视(第二版)　　　　　　　　　　　王晓琴　贾康生　主编

策划编辑：徐正达
责任编辑：吴　晗
封面设计：潘　群
责任校对：刘　竣
责任监印：张正林
出版发行：华中科技大学出版社(中国·武汉)
　　　　　武昌喻家山　　邮编：430074　　电话：(027)81321913
录　排：华中科技大学惠友文印中心
印　刷：武汉首壹印刷有限公司
开　本：710mm×1000mm　1/16
印　张：20.5
字　数：402 千字
版　次：2015 年 9 月第 2 版第 4 次印刷
定　价：38.00 元(含 1CD)

本书若有印装质量问题，请向出版社营销中心调换
全国免费服务热线：400-6679-118　　竭诚为您服务
版权所有　侵权必究

第二版前言

作为实践技能的培养，本书旨在培养读者在建筑方案设计阶段中绘制效果图的基本技能。如：在多面正投影、轴测图、透视图中加绘阴影；在透视图中加绘倒影或镜像，以增加设计图样的表达效果；用各种方法绘制透视图，更好、更快、更准确地完成建筑设计的透视效果图。

作为思维能力训练，除了培养建筑师应具备的丰富想象力，本书还与教材《工程制图与图学思维方法》配套，对读者从改变思维习惯到拓展思维空间以及强化提高思维能力进行循序渐进的训练。思维能力是综合能力的核心，也是制约知识转化为能力的瓶颈。借助本课程的独特性和不可替代性，对读者进行思维能力训练，不仅对培养合格的工程师有着重要的现实意义，对培养高素质的人才也有更加深远的意义。

本书由华中科技大学王晓琴、贾康生任主编，竺宏丹、胡蓉珍任副主编。编写分工为：第1、2章及第3章的网格法、螺旋线及螺旋楼梯的透视由王晓琴、周友梅、刘立航修订，第3章的其他内容由贾康生、王凡、胡蓉珍、骆莉修订，第4章由竺宏丹、宋玲修订。与本书配套的教学光盘由王晓琴、骆莉主编和修订。

为弥补教学时数的不足并为读者提供另一种学习方式，编者及其课程组还编写了与本教材配套的教学辅导用书《画法几何与工程制图学习辅导及习题解析》，已由华中科技大学出版社出版发行。该书可让读者按自己的思维速度体会解题思路和技巧，达到善于联想、触类旁通、激活思维潜能的作用，使所学知识在综合运用中适度升华。

在本教材第一版的使用过程中，得到了华中科技大学教务处和机械学院各级领导、校内外专家的支持和好评，得到了广大读者的喜爱，在2007年获得中南地区优秀教材一等奖，2010年被评为华中科技大学精品教材，在此向相关领导、专家以及关注本书的读者表示诚挚的谢意。

本书的修订参考了国内一些同类著作，在此特向有关作者致谢！鉴于水平有限，书中难免存在缺点和错误，恳请使用本书的广大读者批评指正，并将意见反馈给编者。

编 者

2011年6月

第一版前言

本书以及与之配套的教学光盘可以作为高等学校或其他类型学校工科建筑学、城市规划、艺术设计等专业必修课程的教材，也可作为土木工程等相关专业选修课程的教材，以及建筑工程技术人员的参考资料。课堂教学35~50学时。

建筑师具有非常丰富的想象力，其思维应具有较强的流畅性、广阔性、独创性、灵活性和敏捷性。本书旨在培养建筑师在建筑设计中的图示思维能力，以及在建筑方案设计阶段中绘制效果图的基本技能。

作为建筑类专业必修课程的教材，本书将和华中科技大学编写的《工程制图与图学思维方法》配合使用。学习《工程制图与图学思维方法》主要让学习者既能学会用平面图形描述空间形体——培养和提高实践技能，还能同步接受系统的智力训练——提高思维能力。学习本书，则期望学习者在掌握必要相关图学知识并具备一定水平的思维能力的前提下，在形象感受、形象记忆的基础上，能灵活地运用所学知识进行形象判断、形象描述，为后期储备足够的知识量，以使其在进行形象创造时具备必需的思维能力和实践技能。

全书分为两部分：阴影与透视部分和阴影与透视练习题部分。阴影与透视部分共4章，该部分为了遵循学习者的认知规律且与《工程制图与图学思维方法》更好地衔接，在编排上分别按照点、直线、画、基本体、组合体及建筑物的顺序，采用了由浅入深、由简及繁、由易到难的方式编写，方便自学。考虑携带方便，本书将阴影与透视练习题附在最后，难易搭配、题量适中。同时为帮助教与学，充实及丰富教学内容，还制作了与教学内容配套的教学光盘。教学光盘分为3部分：教学内容(可作为授课的多媒体课件)、习题及习题解答、建筑效果图及建筑物短片欣赏。

本书由华中科技大学王晓琴、贾康生任主编，竺宏丹任副主编。编写分工为：王晓琴编写第1、2章及第3章的网格法、螺旋线及螺旋楼梯的透视，贾康生编写第3章的其他内容，竺宏丹编写第4章。本书还得到了廖湘娟、宋玲等老师的协助支持。

与本书配套的教学光盘部分由王晓琴主编。

本书编写过程中，参考了国内一些同类著作，在此特向有关作者致谢！书中难免存在缺点和错误，恳请使用本书的广大读者批评指正。

编　者
2005年7月

目　　录

1 正投影图的阴影 ···(1)
　1.1 阴影的基本知识 ···(1)
　　　1.1.1 阴影的形成 ··(3)
　　　1.1.2 常用光线 ···(3)
　1.2 点、直线、平面图形的落影 ···(4)
　　　1.2.1 点的落影 ···(4)
　　　1.2.2 直线的落影 ··(7)
　　　1.2.3 平面图形的落影 ··(11)
　1.3 平面立体的阴影 ···(15)
　　　1.3.1 棱柱的阴影 ··(16)
　　　1.3.2 棱锥的阴影 ··(16)
　1.4 曲面立体的阴影 ···(17)
　　　1.4.1 圆柱的阴影 ··(17)
　　　1.4.2 圆锥的阴影 ··(19)
　　　1.4.3 几种特殊角度锥面的阴线位置 ··(21)
　　　1.4.4 曲线回转体——圆球、圆环的阴影 ·····································(22)
　1.5 组合体的落影 ··(25)
　1.6 建筑细部的阴影 ···(32)
　　　1.6.1 窗口的阴影 ··(32)
　　　1.6.2 门洞和雨篷的阴影 ··(33)
　　　1.6.3 台阶的阴影 ··(35)
　　　1.6.4 阳台的阴影 ··(37)
　　　1.6.5 同坡屋顶房屋的阴影 ··(38)
　　　1.6.6 烟囱、天窗的阴影 ··(41)
　1.7 综合举例 ···(43)
　　　思考题 ··(45)

2 轴测图上的阴影 ···(46)
　2.1 概述 ··(46)
　　　2.1.1 轴测图上阴影的作用 ··(46)
　　　2.1.2 轴测图上阴影光线的选择 ··(46)
　2.2 轴测图上的点、线、面、立体的落影 ··(47)
　　　2.2.1 点的落影 ···(47)
　　　2.2.2 直线的落影 ··(48)
　　　2.2.3 平面的落影 ··(48)
　　　2.2.4 立体的落影 ··(49)
　2.3 建筑物轴测图上的落影 ··(52)
　2.4 辐射光线(灯光)下的落影 ···(58)
　　　思考题 ··(60)

3 透视图 ··(61)
　3.1 概述 ··(61)
　　　3.1.1 透视图的形成及特点 ··(61)
　　　3.1.2 透视投影体系及基本术语与符号 ··(63)

3.2 点、直线和平面的透视 (64)
3.2.1 点的透视 (64)
3.2.2 直线的透视 (66)
3.2.3 平面的透视 (75)

3.3 平面立体的透视 (78)
3.3.1 透视图的分类 (78)
3.3.2 画面、视点和建筑物间相对位置的确定 (80)

3.4 透视基本作图方法 (84)
3.4.1 视线法 (85)
3.4.2 量点法和距点法 (89)
3.4.3 透视平面图的辅助画法 (94)

3.5 建筑细部的透视分割 (98)
3.5.1 直线的透视分割 (98)
3.5.2 矩形的透视分割 (100)
3.5.3 建筑细部的透视画法举例 (103)

3.6 网格法 (104)
3.6.1 鸟瞰图视高、视距、俯视角的关系 (105)
3.6.2 网格法在一点透视中的应用 (106)
3.6.3 网格法在两点透视中的应用 (108)

3.7 圆和曲面立体的透视 (111)
3.7.1 圆周的透视 (111)
3.7.2 曲面立体的透视 (113)
3.7.3 螺旋线及螺旋楼梯的透视 (113)

3.8 斜透视图 (118)
3.8.1 斜透视的基本概念 (118)
3.8.2 用视线法作斜透视图 (119)
3.8.3 用量点法作斜透视图 (122)

思考题 (124)

4 透视图中的阴影、倒影与镜像 (126)
4.1 透视图中的阴影 (126)
4.1.1 概述 (126)
4.1.2 画面平行光线照射下的阴影 (128)
4.1.3 画面相交光线下的阴影 (136)

4.2 倒影 (146)
4.2.1 点的倒影 (147)
4.2.2 直线的倒影 (148)
4.2.3 亲水建筑物的倒影 (149)

4.3 镜像 (150)
4.3.1 当镜面与基面垂直、与画面平行时 (150)
4.3.2 当镜面与基面、画面都垂直时 (151)
4.3.3 当镜面与基面垂直、与画面倾斜时 (153)

思考题 (154)

阴影与透视练习题 (155)

参考文献 (240)

正投影图的阴影

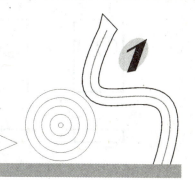

本 章 要 点

- 图学知识　阴影的基本概念，直线的落影规律，作形体阴影的基本方法和步骤。
- 学习重点　掌握长方体阴影形式的作图以及曲面体上阴线的确定。
- 学习指导　(1) 正确理解阴影的基本概念，学会如何区分形体的阴面、阳面，找出阴线，确定承影面。

　　(2) 明确阴影作图的理论基础——直线与平面相交以及直线段的平行投影基本规律，在此基础上掌握点的落影及其投影作图，以及不同位置直线段的落影性质，并运用这些性质解决建筑形体上的阴影的作图。

　　(3) 在日常生活中多观察物体在日光或灯光照射下的落影现象，并与所学的知识对比，加深理解。在解决每一个作图问题时，养成由平面图形想象对象的空间状态及产生阴影形态的思维习惯。

1.1 阴影的基本知识

由正投影原理可知，形体的一个投影只能表达形体的两个向度。如形体的正面投影只能表达形体的长度和高度，而不反映深度(宽度)；形体的水平投影只能反映形体的长度和深度，而不反映高度；形体的侧面投影只能反映形体的高度和深度，而不反映长度。若在形体的某一单面上加绘阴影，不仅可以在单面表现图中表现形体的长、宽和高三维空间尺度，把形体的凹凸、曲折、空间层次等形状特征表现无遗，而且丰富了视觉效果，给人以特有的空间感。在建筑设计方案图中，经常在立面图或平面图上加绘阴影，使设计图样表达得既生动又完美，例如图 1-1、图 1-2。

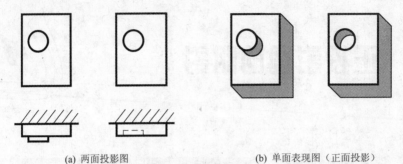

(a) 两面投影图　　　　　　　　　(b) 单面表现图（正面投影）

图 1-1　表现形式(一)

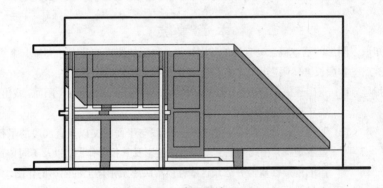

图 1-2　表现形式(二)

在建筑设计的表现图上加绘阴影与美术图上加绘阴影的要求是不一样的：美术图追求的是美和自然的效果，而建筑设计的表现图讲究的是科学和规范，由阴影的形状、大小与形体的形状、大小之间的对应关系，恰如其分地运用形体的阴影来增强图形的表现力，同时增加图面的美感，如图 1-3 所示。

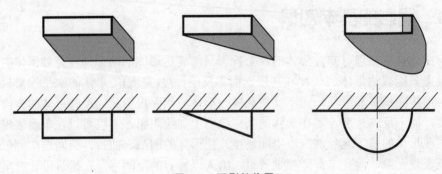

图 1-3　阴影的作用

1.1.1 阴影的形成

形体(物体)在光线的照射下，有些表面能直接受光——迎光，而有些表面则不能直接受光——背光，因此，在该形体的表面上就产生了明和暗。迎光的表面显得明亮，称为阳面；背光的表面显得阴暗，称为阴面。阳面和阴面的分界线称为阴线，阴线上的点称为阴点。物体通常是不透明的，由于物体对光线的遮挡，在其后方的其他阳面上出现了阴暗区域，如图 1-4 所示。被形体遮挡而不能直接受光，所形成的阴暗区域称为影子或落影，影子(落影)的边界轮廓线称为影线，影线上的点称为影点，落影所在的表面称为承影面，阴面和影子统称为阴影。由图 1-4 所示可知，阴影是相互对应的，物体的影线正是物体阴线在承影面上的落影。

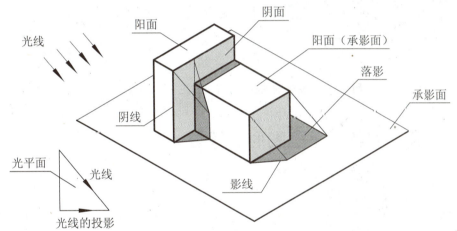

图 1-4　阴影的形成及各部分的名称

同多面正投影一样，产生阴影的过程也有三要素：光线、形体、承影面。

1.1.2 常用光线

形成阴影的光线有平行光线(日光)和辐射光线(灯光)。在正投影图中加绘阴影，为了作图及度量上的方便，通常采用一种特定方向的平行光线，如图 1-5(a)所示。这种光线的照射方向恰好与正立方体对角线的方向一致，即从左、上、前方向右、下、后方投射，我们把这种光线称为常用光线。常用光线的投射方向与三个投影面的实际倾角均相等($\alpha=\beta=\gamma\approx35°$)。

从图中可见，由于该立方体的棱面分别平行于相应的投影面，所以这种光线反映在三面正投影图中的方向均为正方形对角线,即与水平线成 45°,如图 1-5(b) 所示。由于选择了这种特殊方向的平行光线,在正投影图中加绘阴影的作图可用 45°三角板画图而显得简捷,同时在正投影图中画出的阴影所反映的尺度具有可量性。

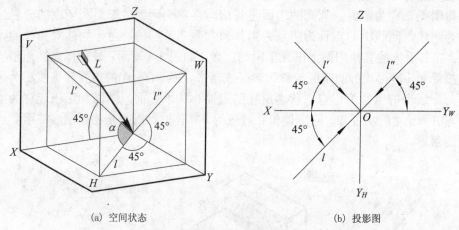

(a) 空间状态　　　　　　　　　(b) 投影图

图 1-5　常用光线的空间示意及在正投影图中的方向

1.2　点、直线、平面图形的落影

1.2.1　点的落影

空间一点在某承影面上的影,就是通过该点的光线延长后与承影面的交点。求空间点在某承影面上的落影,实际上是求过该点的光线(直线)与承影面的交点,即求线面之交点。这种作图的方法称为**光线迹点法**或**线面交点法**。

在本书中约定,点的落影用与该点相同的大写字母标记,并加脚注标记承影面的字母,如 A_V、A_H、A_X 分别表示空间点 A 落在 V 面、H 面或 OX 轴上,如果承影面不是以一个字母表示,则脚注应以数字 0,1,2,… 表示。

1. 承影面为投影面

当承影面为投影面时,点的落影就是过该点的光线与投影面的交点(光线的迹点)。

若有两个或两个以上的承影面,则过该点的光线先与某承影面交得的点,才是真正的落影(真影)。后与其他承影面的交点,都是虚影(假影)。如图 1-6

所示，承影面为投影面，由于离 V 面近，光线先与 V 面相交，则 A_V 为点 A 的落影，光线延长后与 H 面相交的交点 A_H 被称为虚影，虚影的标注应加上括号，标记为 (A_H)。

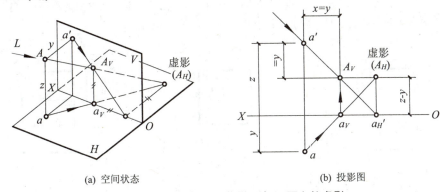

(a) 空间状态　　　　　　　　(b) 投影图

图 1-6　点在 V 面上的落影及在 H 面上的虚影

虚影点一般不需画出，但可作为作图的辅助点，在后面求作阴影过程中经常要应用它，借助虚影点作图的方法称为**虚影法**。

注意，由于光线的投影与投影轴的夹角为 45°，45°直角三角形的两直角边相等，因此在投影图中，点的某个投影与落影之间的水平距离或垂直距离，必等于空间点到承影面间的距离。如图 1-6 中点 A 在 V 面上的落影反映点 A 的 Y 方向坐标。这种利用几何元素到承影面的距离来完成其落影的方法称为**量度法**。

当点 B 与 V、H 面等距，则点 B 的落影 B_V 在投影轴 OX 上（图 1-7）。

当点 C 在 V 面上，则点 C 的落影 C_V 与点 C 本身重合（图 1-7）。

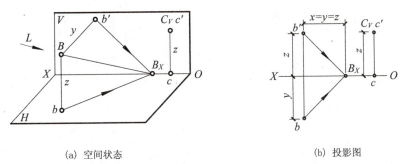

(a) 空间状态　　　　　　　　(b) 投影图

图 1-7　点在 OX 轴上的落影及在 V 面上的落影

2. 承影面为投影面的平行面

当承影面为投影面的平行面时，点的落影具有可量性。

例 1-1　如图 1-8(a) 所示，作点 A 在 P 面上的落影。

作图

方法一（用光线迹点法求解）　根据已知的投影，分别过点 a、a' 作 45° 方向斜线，由交于 P 面的积聚投影的点后作垂直投影连线，即可得点 A 在 P 面上的落影（图 1-8(b)）。

方法二（用量度法求解）　过点 a' 作 45° 方向斜线，由已知点 A 到 P 面的距离 y，自点 a' 的向下或向左量取距离 y 即可得点 A 在 P 面上的落影（图 1-8(c)）。

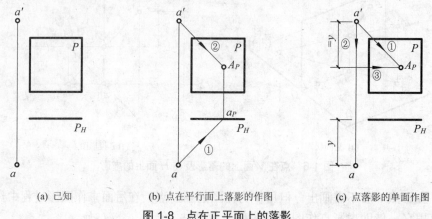

(a) 已知　　　　(b) 点在平行面上落影的作图　　　　(c) 点落影的单面作图

图 1-8　点在正平面上的落影

3. 承影面为投影面的垂直面

当承影面为投影面的垂直面时，点在该承影面上的落影，可利用该承影面的投影积聚性求出。

例 1-2　如图 1-9（a）所示，作点 A 在 P 面上的落影。

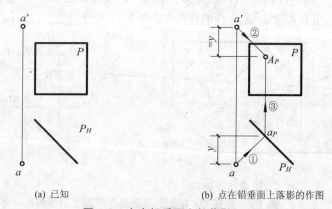

(a) 已知　　　　　　　(b) 点在铅垂面上落影的作图

图 1-9　点在铅垂面上的落影

作图　根据已知，分别过点 a、a' 作 45° 方向斜线，由与 P 面的积聚投影相交的点作垂直投影连线，即可得点 A 在 P 面上的落影。

提示：当承影面具有积聚性投影时，宜运用光线迹点法求解。

4. 承影面为一般位置平面

当承影面为一般位置平面时,可应用在画法几何中所学的求作一般位置直线与一般位置平面交点的方法,求出过点 A 的光线与承影面的交点,即为点 A 的落影(图 1-10)。

这种通过光线作辅助截平面,然后作出点的落影的方法称为**光截面法**。

提示:当承影面没有积聚性投影时,宜运用光截面法求解。

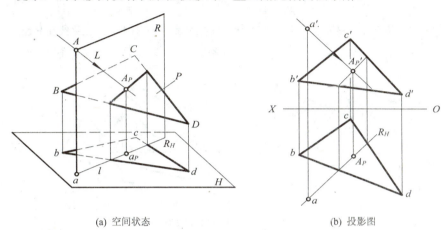

图 1-10 点在一般位置平面上的落影

1.2.2 直线的落影

直线在承影面上的落影,是通过直线的光平面与承影面的交线。因此,求作直线在某一承影面上的落影,实质上是求两个面的交线。

当承影面为平面时,直线的落影仍为直线,如图 1-11 中直线 AB。求作直线的落影,只要确定直线的两个端点或若干点在该承影面上的落影,然后连接成线,即为该直线的落影。当直线与光线方向平行,则其落影重影为一点,如图 1-11 中直线 CD。

直线的落影规律如下:

1. 平行规律

(1) 直线平行于承影面,则直线的落影与该直线自身平行且等长,如图 1-12、图 1-13、图 1-14 所示。

(2) 两直线互相平行,它们在同一承影面上的两段落影仍互相平行,如图 1-15 所示。

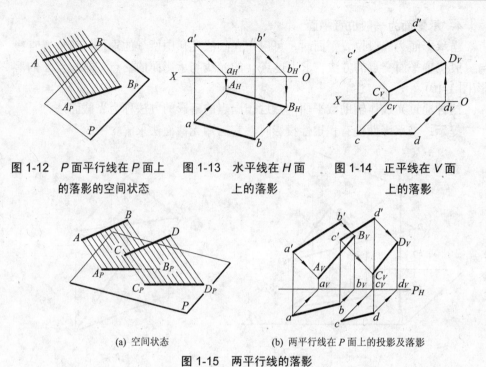

图 1-12　P 面平行线在 P 面上的落影的空间状态

图 1-13　水平线在 H 面上的落影

图 1-14　正平线在 V 面上的落影

(a) 空间状态　　(b) 两平行线在 P 面上的投影及落影

图 1-15　两平行线的落影

(3) 一直线在互相平行的两承影面上的落影互相平行，如图 1-16 所示。

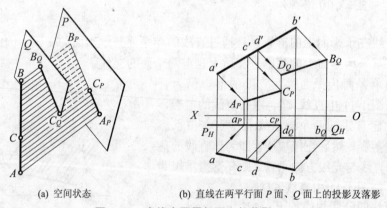

(a) 空间状态　　(b) 直线在两平行面 P 面、Q 面上的投影及落影

图 1-16　直线在两平行面上的落影

2. 相交规律

(1) 直线与承影面相交，则直线在该承影面上的落影必经过其交点，如图 1-17 所示。

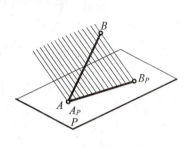 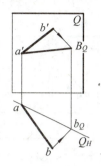

(a) 空间状态　　　　　　　　(b) 与 Q 面相交直线的投影及落影

图 1-17　相交规律(一)

(2) 一直线在两相交承影面上的落影为两段相交的影线，两段影线的交点称为折影点，该折影点必在两承影面的交线上，如图 1-18 所示。

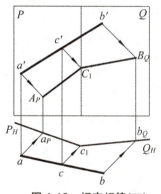 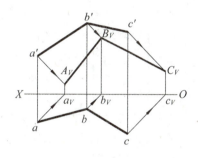

图 1-18　相交规律(二)　　　　图 1-19　相交规律(三)

(3) 相交两直线在同一承影面上的落影必然相交，且其交点的落影必为两直线落影的交点，如图 1-19 所示。

例 1-3　如图 1-20 所示，作直线 AB 在三棱柱上的落影。

分析　承影面为三棱柱的前两个表面 P、Q。P、Q 为铅垂面，根据相交规律(2)，直线 AB 的落影应为一条折线，折线的转折点必在两相交平面的交线上，要完成该直线的落影只需求三个点的落影，其中两端点的落影可根据铅垂面的积聚性投影求出，折影点的落影可采用以下三种方法之一求出。

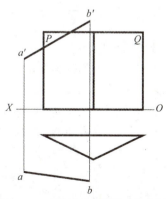

图 1-20　求直线在三棱柱上的落影

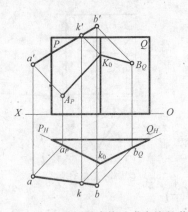

① 返回光线法(利用积聚性投影法)：在水平投影中，过 k_0 作返回光线与 ab 相交于 k，再找到 k'，进而求出折影点 K_0，如图 1-21 所示。

② 线面相交法(延长直线扩大平面法)：延长 ab 与扩大后的 P 面相交于 c_P，利用相交规律(1)求出 C_P 后，连接 $A_P C_P$ 同样可得 K_0，如图 1-22 所示。同样也可扩大 Q 面与 ab 相交来获得折影点。

③ 端点虚影法：过 b 作光线与扩大后的 P 面相交于 B_P——虚影，连接 $A_P B_P$ 也可得到折影点 K_0，如图 1-23 所示。

图 1-21　用返回光线法求直线的落影

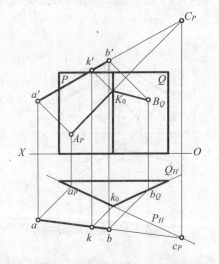

图 1-22　用线面相交法求直线的落影

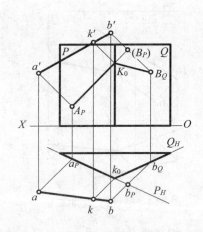

图 1-23　用端点虚影法求直线的落影

3. 垂直规律

直线垂直于某投影面，则该直线在所垂直的投影面上的落影为一条与光线投影方向一致的 45°直线，且落影的其余两投影彼此呈对称图形。

如图 1-24 所示，直线 AB 为铅垂线，由于过该线的光平面为铅垂面，因此，不管光平面与承影面的交线如何，其影的水平投影一定是一条与水平方向成 45°角的直线。

又因光平面对 V 面和 W 面倾斜角度均为 45°角。所以，光平面与承影面的交线，在正面和侧面的落影均呈对称图形。

读者可自行分析并想象：若直线 AB 为正垂线，则它的其余两个投影面上的落影应为什么样的图形。

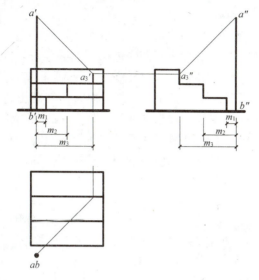

图 1-24 垂直规律

例 1-4 作直线 AB 在墙面上的落影(图 1-25)。

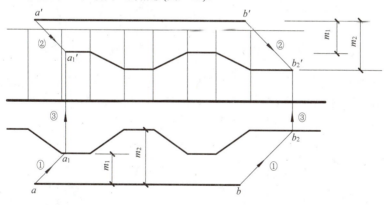

图 1-25 侧垂线的落影

分析 直线 AB 为侧垂线,由直线落影的垂直规律可知,其侧立面的投影必为一与光线方向一致的 45°斜线,影的另外两投影呈对称图形。又承影面的投影在水平面具有积聚性,可根据该图形先想象出直线在正面落影的与之对称的图形,后按落影规律完成作图,作图步骤如图 1-25 所示。

注:直线 AB 与其正面落影间符合平行律、相交律。

1.2.3 平面图形的落影

平面图形的落影是由构成平面图形的几何元素(点、线)的落影所围成的。

1. 平面多边形的落影

当以平面为承影面时,平面多边形落影的影线即为多边形各条边线的落影。作图时只要作出平面多边形各顶点在同一承影面上的落影,然后用直线依次连接起来即可。如果各顶点的落影不在同一承影面上,则要视实际情况找出其折影点。

(1) 当平面多边形平行于投影面或某承影面时,其落影与其同面投影的形状大小完全相同,且反映该平面多边形的实形,如图 1-26 所示。

(2) 当平面多边形垂直于投影面且平行与某承影面时,其落影与平面多边形形状相似,大小不一样,可利用承影面的积聚性进行作图,如图 1-27 所示。

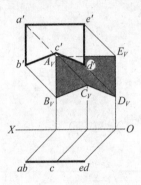
图 1-26 平行面的落影

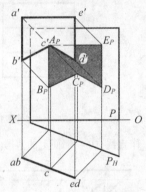
图 1-27 垂直面的落影

(3) 当平面多边形平面对承影面倾斜时,则先求出多边形各边线或各顶点的落影,然后用直线依次连接,如图 1-28 所示。

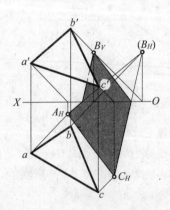
图 1-28 一般位置平面的落影

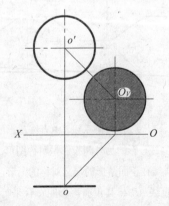
图 1-29 正平面圆在 V 面上的落影

提示:当平面多边形某一边线落影于两个承影面时,可利用该边线在同一承影面上的完全落影,或根据边线上某端点的虚影与该边线另一端点的落影之连线来确定折影点。

2. 平面圆的落影

(1) 当平面圆平行于投影面时，它在该投影面上的落影仍为圆形。作阴影时，可先作出其圆心的落影，然后量取该圆形的半径画圆即可，如图 1-29 所示。

(2) 当平面圆不平行于投影面时，其落影一般为椭圆形。图 1-30 所示为一水平圆在 V 面上落影的作图过程。作图关键是利用圆的外切正方形来辅助作图，先求出圆心及外切正方形的落影，其次求出四个切点及外切正方形对角线与圆上的四个交点的落影，然后把它们光滑相连即可。

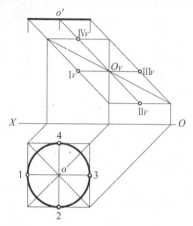

(a) 作圆的外切正方形边线和四个切点 Ⅰ、Ⅱ、Ⅲ、Ⅳ 及圆心的落影

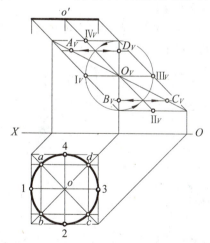

(b) 以短边对角线的一半为半径画圆弧点，交中心线后作边线的平行线，确定对角线上四个点 A、B、C、D 的落影

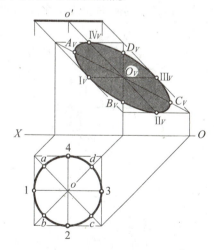

(c) 用曲线板将椭圆上的八个点光滑连成椭圆曲线

图 1-30 水平圆在 V 面上的落影

(3) 在完成建筑图的阴影时，常需要作出紧靠在正立面墙上半个水平圆的落影，此时可按图 1-31(a)所示的方法画出。从该图又可看出，由于半圆上五个点及其落影均处于某种特殊的位置，故还可以按图 1-31(b)所示的方法进行单面作图求影。作图时，先利用单面投影图中的辅助半圆，来确定几个特殊点的位置，再利用量度法，作出 $2'_V$、$3'_V$、$4'_V$ 的落影，最后光滑连接。

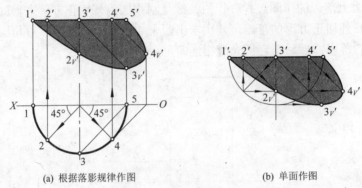

(a) 根据落影规律作图　　　　　　　　　(b) 单面作图

图 1-31　半圆的落影

3. 平面图形阴面和阳面的判别

平面图形在光线照射下，会产生阴、阳面。在正投影中加绘阴影，需要判断平面图形的各个投影是阳面的投影还是阴面的投影。判断方法如下。

(1) 当平面图形在某投影面具有积聚性投影时，可在有积聚性的那个投影中，直接利用光线的同面投影来判断阳面和阴面的投影。

图 1-32 所示是以铅垂面为例，在判断以投影面为承影面时可能出现的三种情况。读者也可思考正垂面和侧垂面在另两投影面的几种情况。

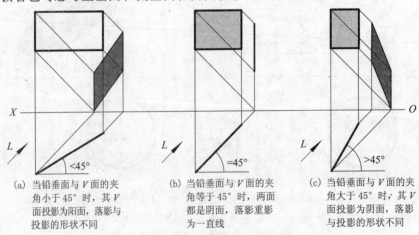

(a) 当铅垂面与 V 面的夹角小于 45°时，其 V 面投影为阳面，落影与投影的形状不同

(b) 当铅垂面与 V 面的夹角等于 45°时，两面都是阴面，落影重影为一直线

(c) 当铅垂面与 V 面的夹角大于 45°时，其 V 面投影为阴面，落影与投影的形状不同

图 1-32　铅垂面在 V 面上的落影的三阴阳面区分

(2) 当平面图形处于一般位置平面时，除可通过空间想象来判断平面图形的阳面和阴面的投影外，还可根据平面图形边线上若干点的投影与落影的顺序来判断：若各点的投影顺序与落影顺序相同，则为阳面的投影；反之，则为阴面的投影。如图 1-33 所示。

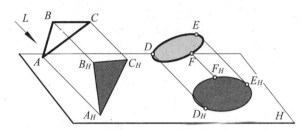

图 1-33　根据落影判别平面图形的阴阳面

1.3　平面立体的阴影

研究点、直线和平面落影的作法，其目的在于求作立体的阴影。

平面立体的阴是指平面立体背光的那些棱面，即阴面；平面立体的影就是平面立体各阴线的影子所围成的图形。因此，平面立体的阴影的求解方法有以下两种。

方法一：若平面立体表面有积聚性投影，则可直观分析，确定平面立体的阴、阳面及阴、阳面的分界线——立体的阴线。

方法二：若平面立体表面没有积聚性投影，直观分析难以确定其阴阳面时，可以先作出平面立体上的各棱线的影。其包络图形就是平面立体的影子。影子的外围线就是立体的影线，而与影线相对应的棱线就是阴线。据此，可判断出平面立体的阴面和阳面(逆向思维过程)。

由此可见，立体的阴影的求解关键在于确定阴阳面。阴阳面的确定可从以下几方面考虑。

(1) 若平面立体的棱面为投影面平行面时，其中立体的向上、向左、向前的棱面为阳面；反之，立体的向下、向右、向后的棱面为阴面。

(2) 若平面立体的棱面为投影面垂直面时，可根据棱面的积聚投影，直接作出判断。凡是迎光的棱面为阳面；反之，背光的棱面为阴面。

(3) 若平面立体的棱面为一般位置平面，但平行于光线时，该棱面确定为阴面。

(4) 若平面立体的棱面为一般位置平面，但不平行于光线时，需先求出该立体的各棱线的影子，它们的外围线就是影线，再根据这些影线确定其对应的阴线。

在平面立体上加绘阴影的作图步骤为：辨别阴阳面、确定阴线、求出影线、影区标注。

阴面和影区的标注可选择以下三种方法之一：涂浅暗色、均匀分布点、均匀分布斜线。

注意：阴和影虽都是阴暗的，但其意义不同，阴指的是形体表面背光的部分，而影指的是在承影面上光线被物体遮挡所产生的阴暗区域，因此在标注时应有所区别。

1.3.1 棱柱的阴影

四棱柱在常用光线下，上顶面 ABCD、前表面 ABFE 和左侧面 ADIE 为受光的阳面，其余均为阴面；阳面和阴面的分界线 FB、BC、CD、DI、IE、EF 为阴线。由于四棱柱的下底位于 H 面上，故只需求出两条铅垂线、一条正垂线和一条侧垂线的落影。图 1-34(a)所示的四棱柱分别落影于 H 面和 V 面上。图 1-34(b)是类似于它的投影图。可见铅垂线在 H 面上的落影是 45°斜线，落在 V 面上的部分则是与自身平行的竖直线；正垂线在 V 面上的落影亦是 45°斜线；侧垂线在 V 面上的落影与自身平行；在该图中棱柱的阴面为不可见。若四棱柱仅在单一承影面上落影，如地面，可想象成在高层建筑的平面图上加绘阴影(图 1-34(c))。

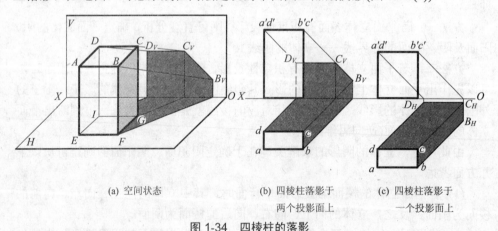

(a) 空间状态　　　(b) 四棱柱落影于　　　(c) 四棱柱落影于
　　　　　　　　　　　两个投影面上　　　　　一个投影面上

图 1-34　四棱柱的落影

1.3.2 棱锥的阴影

图 1-35 所示是三棱锥的阴影。由于三棱锥各棱面均不是投影面垂直面，故较难直观判断出棱锥的阴线。因此，可先按照前述的点、线、面的落影的特点作出

三棱锥三条棱线的落影,再由所作出的外围影线来确定阴线和棱锥体的阴阳面。具体作图步骤可从锥顶的落影开始,先作出锥顶 S 在 V 面的落影 S_V 和在锥底面所在 H 面上的落影——虚影(S_H) 之后,分别连 S_Ha、S_Hb、S_Hc,很明显 S_Ha、S_Hb 为棱锥落影的外围影线,它们分别落影在两个投影面上,并出现折影点。由此可知 Sa、Sb 为棱锥表面上的阴线,SBC、SAC 为棱锥表面上的阴面。

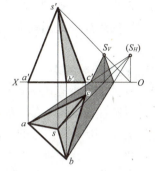

图 1-35 棱锥在两个投影面上的落影

1.4 曲面立体的阴影

1.4.1 圆柱的阴影

1. 圆柱上的阴线

圆柱面上的阴线是由光平面与圆柱面相切时所产生的两条素线。如图 1-36(a) 所示,一系列与圆柱面相切的光线形成了两个光平面,每个光平面与圆柱面相切的素线,都是该圆柱面上的一条阴线,如图 1-36(a)中的 AB、CD,它们把圆柱面

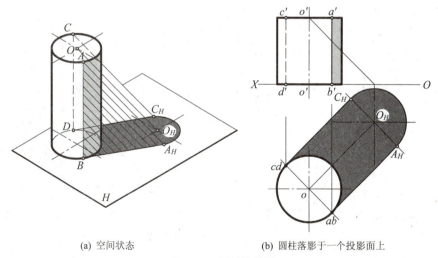

(a) 空间状态 (b) 圆柱落影于一个投影面上

图 1-36 圆柱的落影

分成阳面和阴面各一半。由于圆柱体的上顶面为阳面，下底为阴面并落在 H 面上，因此，圆柱的阴线为该圆柱面上的两条素线 AB、CD 和阳面上两素线间的右后半圆周。

2. 圆柱上阴影的求法

当圆柱的轴线垂直于 H 面时，柱面上的阴线必是两条铅垂线，由图 1-36 (b) 可看出，以圆柱面上两素线 AB、CD 确定的平面为界，左前圆柱面为阳面，右后圆柱面为阴面，由顶圆圆心的落影位置可判断出顶面圆的落影特点，在图 1-36 (b) 中圆柱落影于水平投影面，而顶面和底面圆为水平面，因此顶面圆上阴线的落影为一段实形圆弧，底面圆的落影为自身。两素线(阴线)在 H 的投影为 45°斜线并与顶面和底面圆的落影相切。

完成圆柱上的阴影有两种作图方法：①先作出顶圆圆心的落影，过顶圆圆心的落影点画一实形圆后，作顶面和底面圆的切线，由切点可得出圆柱正面投影中的两条阴线的投影，其中右前为可见，左后为不可见。②首先在水平投影中作两条与光线的水平投影方向一致的 45°斜线与圆柱的水平投影相切，即得柱面上两条阴线的落影。接着再作上顶圆落在 H 面上的影，如图 1-36 (b) 所示。

例 1-5　如图 1-37(a)所示，作圆柱的落影。

分析　由圆柱顶圆圆心的落影位于 OX 上可知，圆柱顶圆平面分别落影于 V 面(墙面)和 H 面(地面)。

作图　如图 1-37 (b)所示。

(1) 作圆平面外切正方形的 V 面(墙面)上的落影。

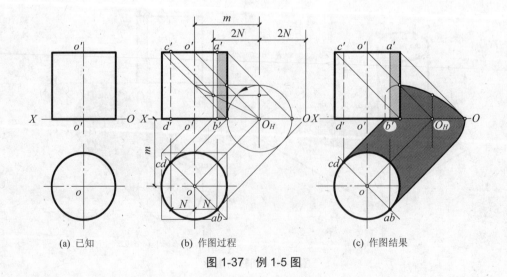

(a) 已知　　　　(b) 作图过程　　　　(c) 作图结果

图 1-37　例 1-5 图

(2) 以顶圆圆心的落影点为圆心画一个与顶圆平面大小相同的圆。

(3) 作出 V 面(墙面)落影椭圆上的五个特殊点。

(4) 作出 H 面(地面)阴线的 $45°$ 斜线与圆相切。

(5) 用曲线光滑连接 V 面落影椭圆(可见部分)。

(6) 完成 H 面落影后,影区上色标注,如图 1-37 (c)所示。

提示:完成圆柱上的阴影除利用点、线、面、体的落影规律进行作图外,还可应用量度法配合作图。

投影图与落影之间有对应的关系,如图 1-37 (b)中所示,除两条铅垂阴线与轴线间的距离为 N,它们落影间的距离为 $2N$ 外,读者还可自行归纳总结。在了解了这些特征后,求直立圆柱阴线就可单面作图,其结果不变。

圆柱在 V 面(墙面)落影的单面作图过程如图 1-38 所示。作图要点:①须知圆柱轴线与 V 面的距离,如图中的 m;②根据圆柱底面的积聚投影画辅助圆;③利用柱面上铅垂阴线与轴线间的距离确定影的宽度。

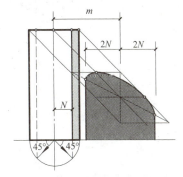

图 1-38 圆柱落影的单面作图

1.4.2 圆锥的阴影

圆锥面上的阴线是由光平面与圆锥面相切所产生的两条过锥顶的素线,如图 1-39 所示。由于圆锥面的素线通过锥顶,所以与圆锥面相切的光平面必然含通过锥顶的光线。因此,圆锥的影线必定是过锥顶的影且与圆锥底圆相切的两条直线。作图时,可先求出锥顶 S 在锥底所在平面 H 上的落影 S_H,再返回来作两条影线与圆锥面底圆相切得 a、b 两点,最后连接 SA、SB 这两条素线,即为圆锥面的阴线。

图 1-40 所示为倒立圆锥阴线的作法。与直立圆锥阴影作法的不同点是过锥顶所作的光线是返回光线。

图 1-41 所示是分别求正立和倒立锥面阴线的单面作图法。其作图要点是过辅助半圆上的点 f 作 $fd \parallel c's'$ 与底边相交于 d(图 1-41(a)),再过 d 分别作 $45°$ 线交半圆于 a_1、b_1,即可求出两条阴线 $s'a'$ 和 $s'b'$ 及阴面 s'。图 1-41 (b)倒锥阴线求法的作图过程与图 1-41(a)基本相同。

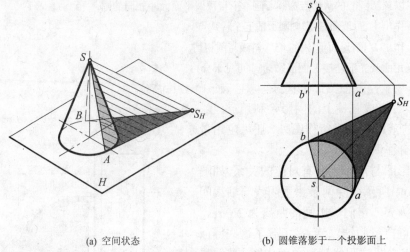

(a) 空间状态　　　　　　　　　　(b) 圆锥落影于一个投影面上

图 1-39　圆锥的落影

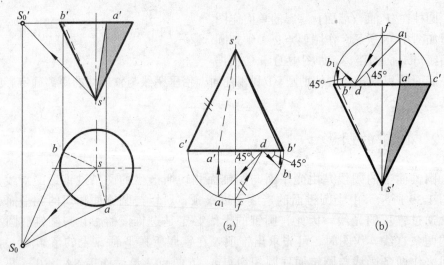

图 1-40　倒锥阴线的作图　　　　图 1-41　锥面阴线的单面作图

图 1-42 中 $fd // 1's'$ 的作图原理证明如下。

如图 1-42 所示，将圆锥的 H 面投影与 V 面投影合并，使 H 面投影底圆半径与 V 面投影底边重合，因 $Rt\triangle seb \backsim Rt\triangle sbS_H$，所以

$$\frac{se}{sb}=\frac{sb}{sS_H} \tag{1-1}$$

设底圆半径为 R，则 $sb=R$，设锥高为 H，$sS_H=\sqrt{2}H$。将此二式代入式(1-1)，

得

$$\frac{se}{R} = \frac{R}{\sqrt{2}H} \quad (1\text{-}2)$$

又因△sed 为含 45°的直角三角形,可知

$$se = \frac{sd}{\sqrt{2}}$$

代入式(1-2)得

$$\frac{sd}{\sqrt{2}R} = \frac{R}{\sqrt{2}H}$$

即

$$\frac{sd}{R} = \frac{R}{H}$$

亦即

$$\frac{sd}{sf} = \frac{s1'}{ss'}$$

所以,对顶的 Rt△fsd∽Rt△s's1',
fd∥1's'。

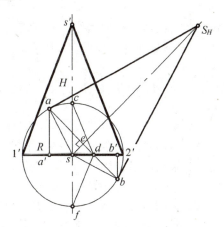

图 1-42 圆锥阴线单面作图

1.4.3 几种特殊角度锥面的阴线位置

不论是正立圆锥还是倒立圆锥,其锥面上阴线的位置都与其底角的大小有关。当圆锥底角恰好处于 35°、45°和 90°时,其表面上阴线所处的位置有一定的特殊性,而这些特殊性不仅有利于解决自身的投影作图,还可利用它来解决曲线回转面阴影作图的问题。故在这里把它们列出,如表 1-1 所示。

表 1-1 几种特殊角度锥面的阴面及阴线位置

名称 (按底角α大小)	35°正锥	45°正锥	90°正锥	45°倒锥	35°倒锥
投影图			3:7 7:3		
阴面大小	一条素线	1/4 锥面	1/2 锥面	3/4 锥面	全面锥面 (一条线受光)
阴线位置	右后 45°	右、后	右前、左后 45°	前、左	(左前 45°)

由表 1-1 可知，当圆锥底角 $\alpha=35°$ 时，正圆锥面的阴线是位于右后方与光线平行的一条素线，其余均为阴面。倒圆锥面的阴线则是位于左前方与光线平行的一条素线，其余面均为阳面。当圆锥底角 $\alpha=45°$ 时，正圆锥的阴面为 1/4 锥面，阴线为右素线和最后素线，倒圆锥的阴面为 3/4 锥面，阴线为最左素线和最前素线，当 $\alpha=90°$ 时的锥视为正圆柱。

1.4.4 曲线回转体——圆球、圆环的阴影

典型的曲线回转体有圆球、圆环等。

曲线回转体的阴线一般为空间曲线。阴线上的阴点均为光线与回转体表面的切点。求曲线回转体的阴线，应先求出一系列的阴点，然后光滑连接所求各阴点即得阴线。求曲线回转体的阴线，可采用切锥法和切柱法。当圆锥面或圆柱面与曲线回转体共轴并相切时，两者相切于一个公共纬圆，在此公共纬圆上有两者阴线上的公共点，相切锥面或柱面的阴线与相切纬圆的交点，就是曲线回转体的阴点，如图 1-43 所示。具体作图步骤如下。

(1) 作出与曲线回转体共轴的外切或内切的锥面和柱面。
(2) 画出切锥或切柱与回转体相切的纬圆。
(3) 求出切锥或切柱阴线与纬圆的交点——阴点。

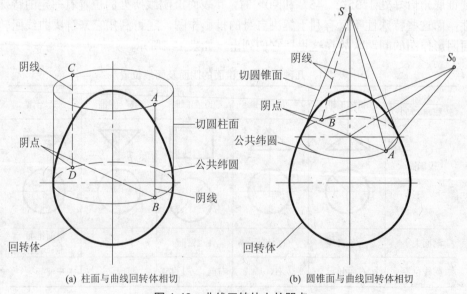

(a) 柱面与曲线回转体相切　　　(b) 圆锥面与曲线回转体相切

图 1-43 曲线回转体上的阴点

(4) 光滑连接各阴点即得所求的阴线。

为保证作图的准确性，应选用一些特殊的切锥来确定相关特殊点。

当曲线回转体的轴线为垂直线时，可完成单面作图。

1. 圆球的阴影

圆球的阴线实际上是球面上与光圆柱面相切的圆，这个圆即为圆球的阴线。由于常用光线对各投影面的倾角相等，阴线圆所在平面对各投影面的倾角也相等，因此阴线圆的各面投影均为大小相等的椭圆，椭圆中心与球心的投影重合；长轴垂直于光线的投影方向，长度等于球面的直径 D；短轴则平行于光线的投影，长度为 $D\sin35°\approx D\tan30°$。求作圆球的阴影应先作出其阴线——椭圆的投影，然后求作椭圆的落影。阴线椭圆的求法有几种，在此重点介绍以下两种方法。

(1) 切锥(柱)面法。运用切锥(柱)面法求出球面上的一些特殊阴点，可使阴线椭圆的形状较准确。图 1-44 所示是圆球的 V 面投影，在该图上方的附图表示由 45°斜线确定 45°锥面的坡度方向，并由几何关系确定 35°锥面的坡度方向。运用切锥(柱)面法的作图步骤：①作 45°正(倒)锥与球面相切，得上下两个公共纬圆，由于 45°正(倒)锥的阴线位于轴线和转向轮廓线上，因此可求出阴线椭圆长轴的端点 a'、b'，同时也求出其他几个点(利用对称关系)；②根据附图中 35°锥面的坡度方向，作 35°正(倒)锥与球面相切，得上下两个公共纬圆，由于 35°正(倒)锥的阴线位于 45°斜线方向，因此可得阴线椭圆上的最高、最低点，利用对称关系，还可得到另外几个点；③切柱面上的点可由柱面的阴线与水平直径相交而得(与前面的对称点重合)；④阴线椭圆短轴的端点 c'、d' 可由与长轴成 30°的夹角获得。

(2) 几何作图法(图 1-45)。运用几何作图法作图可确定长短轴的方向和位置，只能近似作出阴线椭圆的形状。几何作图法的作图步骤：①过球心作光线的垂直线得阴线椭圆的长轴的两端点 a'、b'；②过长轴的两端点作与长轴成 30°夹角的斜线交光线方向线得短轴两端点 c'、d'。

除以上介绍的两种方法外，还有纬圆法、换面法等，读者可自行研究。

圆球在投影面上的落影也是椭圆。它实际上是相切于球面的光圆柱面与承影面的交线。如图 1-45 所示，椭圆中心 O_H 是球心的落影；短轴垂直于光线的投影方向，长度为 D；长轴则平行于光线的投影方向，长度为 $D\tan60°$。求出 A_H、C_H、B_H、D_H 四点之后就可作出落影。

2. 圆环的阴影

例 1-6 如图 1-46 所示，作地面上鼓面的落影。

分析 鼓面属环面回转体，其表面上的阴线为一条空间曲线，可按前介绍的切锥(柱)面法求若干阴点，然后光滑连接。

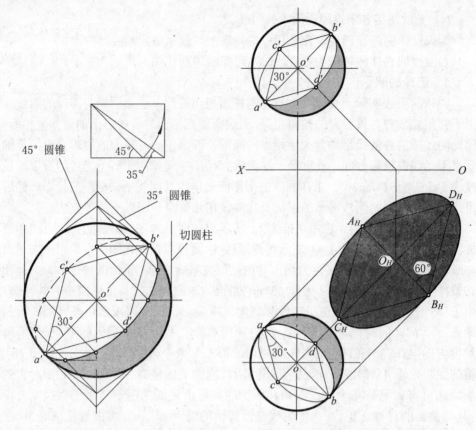

图 1-44 用切锥（柱）面法求球体的阴线　　图 1-45 用几何作图法作球体的阴影

作图

(1) 确定若干阴点及阴线的两投影。

① 作45°正(倒)锥与鼓面相切，由上下两个公共纬圆与轴线和转向轮廓线上相交，得阴点 $1'$、$2'$、$3'$、$4'$，其中 $1'$、$3'$ 为最左点、最右点；② 根据附图中35°锥面的坡度方向，作35°正(倒)锥与球面相切，由上下两个公共纬圆与35°锥面的阴线相交，可得阴点 $5'$、$6'$，它们分别为最高点、最低点；③ 切柱面上的点可由柱面的阴线与轴线圆相交而得点 $7'$、$8'$；④ 为连接光滑还可作一般切锥，作图过程可参照圆锥表面确定阴线的方法；⑤ 根据阴线的 V 面投影，按圆环面上取点的方法，求出阴线的 H 面投影，并判断其可见性；⑥ 光滑连接确定阴面。

(2) 求阴线的落影。

① 按照点的落影规律求出鼓面上各阴点在地面(H 面)上的落影；② 光滑连接各落影点；③ 影区上色。

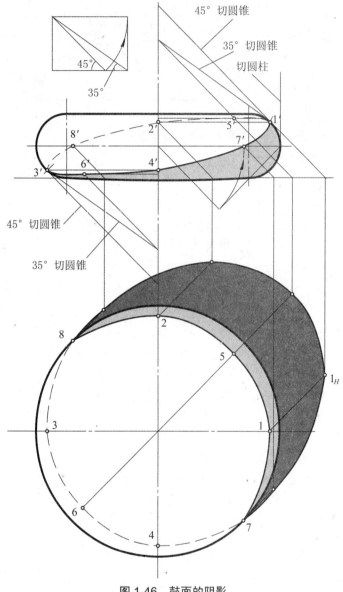

图 1-46 鼓面的阴影

1.5 组合体的落影

图 1-47 为左右组合、上下组合形体的阴影。在图中表现的是点、线、面落影的组合,因此,作组合体的落影,实际上是点、线、面落影规律的综合运用。

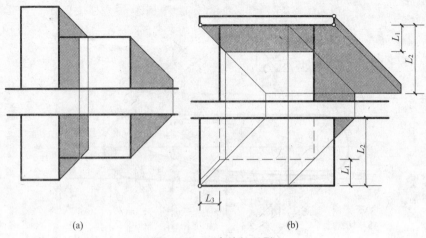

图 1-47 组合体的阴影

作组合体阴影的一般步骤如下。

(1) 识读组合体的多面正投影图,将组成组合体的各基本体的形状、大小及其相对位置分析清楚。

(2) 逐一判明组合体各部分的阴面和阳面,以确定立体的阴线。

注意,平面立体的组合体上能产生影的阴线是由阴面和阳面相交而成的凸角棱线。

(3) 分析各段阴线将落于哪个承影面上,并根据各段阴线与承影面之间的相对关系,以及与投影面之间的相对关系,充分运用线、面的落影规律和作图方法,逐段求出阴线的落影——影线。

注意,组合体中相互落影的问题,即某阴线可能落影于立体自身的阳面上,也可能落影于不同的承影面上。

(4) 在阴面和影线所包围的轮廓内分别加上标注,为区分阴面和影区,阴面和影区在标注时应有所不同。

例 1-7 如图 1-48(a) 所示,求组合体在正面投影图中墙面和地上的落影。

分析

(1) 组合体读图。

形体分析:该组合体由三个棱柱左右对称、上下叠加组合而成。

(2) 阴线分析:根据该组合体的特点及阴阳特性,可以直观地分析确定折顶板上阴线为 A—B—C—D—E—F 和 G—H,如图 1-48 (a) 所示。

(3) 承影面分析:承影面为墙面和下部棱柱的前正平面。

(4) 阴影由两部分组成:其一为顶板和下部棱柱在墙面上的影;其二为顶板落在下部棱柱上前正平面的影。

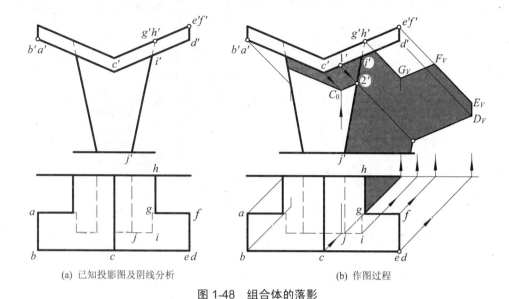

(a) 已知投影图及阴线分析　　　　(b) 作图过程

图 1-48　组合体的落影

作图　完成该组合体的落影,实际上是作各阴线的落影,直线与承影面的落影之间符合平行律、相交律、垂直律,作图过程及结果如图 1-48 (b) 所示。

提示:在组合体中出现相互落影时,可利用过渡点对辅助作图。如顶板上的点Ⅰ和下部棱柱斜线上的点Ⅱ即是过渡点对。借助过渡点对可由一段线的落影带出另一段线的落影。

过渡点对:两交叉阴线(直线或曲线)在同一个承影面上的落影如相交,则该交点是两阴线上的两个阴点在同一承影面上的重叠落影,为叙述方便,将这些成对的点称为影的过渡点对。在作图时,由两个阴点的重叠落影作返回光线,可作出一条阴线上的阴点的在另一条阴线上的落影。

例 1-8　如图 1-49(a)所示,求方盖半圆柱组合体的投影的落影。

分析

(1) 组合体读图。

形体分析:该组合体由四棱柱和半圆柱两部分左右对称、上下叠加组合而成。

线面分析:半柱面为铅垂面。四棱柱上则有若干投影面的平行面,如水平面、正平面、侧平面。在四棱柱上的边线均为特殊位置直线,如铅垂线、正垂线、侧垂线。

(2) 阴线分析:根据各部分的阴阳特性,可以直观地分析并确定方盖上阴线为 $A—B—C—D—E$,以及可通过作图确定圆柱上的阴线 FG,如图 1-49 (b) 所示。

(3) 承影面分析:承影面有墙面和半圆柱面。

(4) 阴影由三部分组成:其一为圆柱表面的阴,其二为方盖落在圆柱表面上的影,其三为方盖和圆柱落在 V 面上的影。

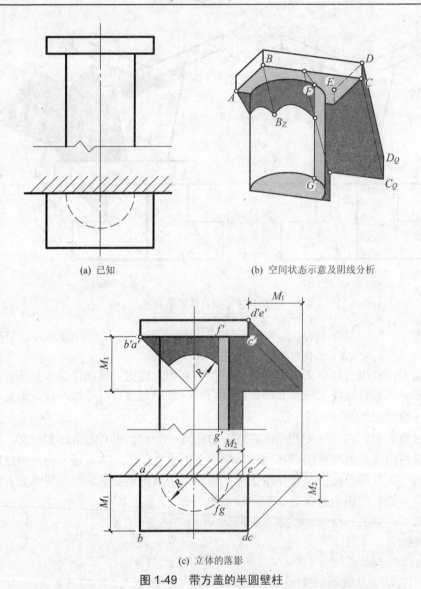

图 1-49 带方盖的半圆壁柱

作图 根据点、直线的落影规律,可确定各阴线的落影方向与位置。其中,阴线 AB 为 V 面的垂直线,其落影符合垂直律——在 V 面的投影(不论其承影面如何)是一条 45°方向的直线;阴线 BC 是侧垂线,BC 在柱面上的落影符合垂直律——与圆柱的 H 面投影呈对称图形,而圆柱面垂直于 H 面,所以,BC 在柱面的落影为一段圆弧,且反映其深度(由 M_1 确定其圆心位置);BC、CD 在墙面的落影符合平行律;DE 在墙面的落影符合垂直律;圆柱阴线 FG 在墙面上的影则反映平行律——反映其深度 M_2 等。如图 1-49 (c)所示。

注意，侧垂线 BC 在圆柱面上的落影也可想象成过 BC 的光平面——侧垂面与立柱相交在 V 面的影线为一段截交线——椭圆，由于光平面与立柱的轴线夹角为 45°，所以该段截交线投影为圆弧。

根据已知的相关尺寸，还可单面进行作图。

例 1-9　如图 1-50(a) 所示，求带小檐的凹入墙内的半圆壁龛的落影。

分析　带小檐的凹入墙内的半圆壁龛的整体分析同上题。小檐上的阴线除了有一部分落影于墙面外，还有一部分落影于凹进墙面的半圆柱面上。参照例 1-8 的分析可知，侧垂线 $b'c'$ 落在凹进墙面的半圆柱面上的影，是与承影的半圆柱面的 H 面投影成形状相同、方向相反的半圆形。此半圆形中心 O' 的位置，也根据例 1-8 所分析的，它必定在中轴线并且与 $b'c'$ 距离为 L 的位置上，如图 1-50(b) 所示。其余部分的作图不再赘述。

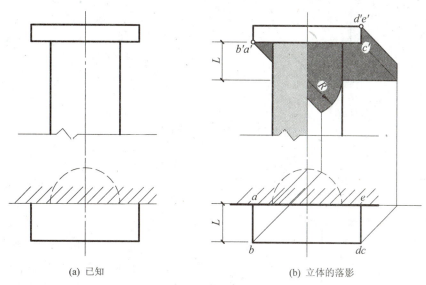

(a) 已知　　　　　　　　　　(b) 立体的落影

图 1-50　有檐的半圆壁龛

例 1-10　如图 1-51(a)所示，求圆形盖盘的半圆壁柱的落影。

分析　同例 1-8 一样圆盖盘和圆柱面自身也有一部分为阴面，圆盖盘的左下底边缘和右上顶边缘是阴线，其中有一段落影于柱面上，另一部分落影于 V 面上。由于圆盖盘阴线是圆弧，圆柱面(承影面之一)是曲面，故其落影需利用圆柱面 H 面投影的积聚性，求出阴线上的一些特殊点的落影之后，以光滑曲线相连而获得。

圆盖盘在柱面承影面落影的特殊点有：最左点 B——圆柱最左素线上的点；最高点 C——对称光平面上的点与落影间距离最短；最前点 D——圆柱轴线上的点；最右点 E——圆柱阴线上的点。这些特殊点均需应用返回光线法获得。

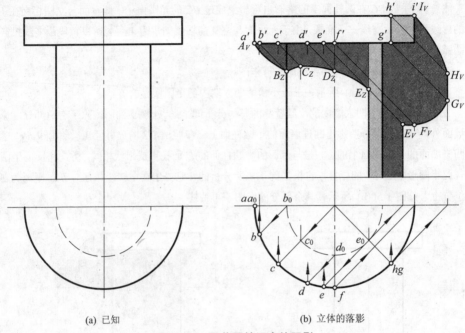

(a) 已知　　　　　　　　(b) 立体的落影

图 1-51　圆盖圆柱组合体阴影

图 1-52　托斯康柱头

作图　如图 1-51(b) 所示。

例 1-11　如图 1-52 所示，求托斯康形式柱头的落影。

分析　图 1-52 所示是古典柱式中的托斯康形式柱头。这种形式的柱头，顶部为一个四棱柱，中部为半个鼓面(环面)，下部主要为圆柱身。在常用光线照射下，在柱头上各部分将形成不同的阴线，其落影亦是它们综合作用的结果。下面将进行分解分析作图。

(1) 求出正方形盖盘在半环面上的落影。

图 1-53 所示是托斯康柱头的上部和中部。盖盘的中心位于环面中轴线上。在常用光线下，盖盘上有两条阴线，即正垂线 AB 和侧垂线 BC。由于盖盘与半鼓面左右、前后对称，故过这两条阴线 (对 H 面的倾角都是 45°) 所形成的光平面与环面的交线，是形状完全相同的两条闭合曲线。与前面不同的是，此封闭曲线范围以外才是盖盘落在环面上的影区。

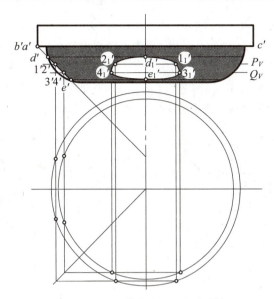

图1-53 方盖在半环面的落影

由直线落影的垂直律，过 AB 的光平面(正垂面)与环面的交线在 V 面投影积聚为一段 45°的直线，由此可得该段阴线的最高点 d'和最低点 e'。利用 AB 与 BC 产生两个完全相同的落影的特点，间接得到 BC 落影的最高点 d_1' 和最低点 e_1'。此外还可在 BC 的落影阴线上取若干点，其作法为：①在 DE 之间适当位置作辅助水平面，如 P 面和 Q 面；②求辅助水平面与环面相交纬圆上的阴点Ⅰ、Ⅱ、Ⅲ、Ⅳ；③按曲面上取点的方法，将在同一辅助面上的相应点作出；④光滑连接各阴点，影区上色。

注意，封闭曲线的上半段是 AB 与 BC 在环面上的落影，而下半段则是包含 AB 与 BC 的光平面与环面的截交线。

(2) 求出半环面与圆柱面的阴线及落影。

图 1-54 所示中所完成共轴的半环面和圆柱面的阴影同前面一样，先作出半环面的阴线，然后求该阴线在圆柱面的影。

半环面和圆柱面的阴线如图 1-54 所示。半环面的阴线的求法可参考图 1-46。

求半环面的阴线在圆柱面的影可用两种方法：①利用柱面的 H 面积聚投影及环面阴线的 H 面投影，参照图 1-51 的作图思路进行作图；②以环面和柱面的公共轴线设定一个平行于 V 面的承影面，在其上作出环面阴线和柱面上若干素线的落影，并求出它们在此承影面上落影的交点，再利用返回光线，与柱面的相应素线的 V 面投影相交，即得环面阴线在柱面上的落影。

图 1-54 所示为具体作图过程：①作出半环面阴线ⅠⅡⅢ在 V 面的落影；②在圆柱底部作一半圆(圆心在轴线上，相当于圆柱面的 H 面积聚投影)；③在圆柱面积聚投影上作出过点 a、b、c、d、e、f 的直素线和半环面阴线在 V 面落影，并得到同一承影面上的交点 A_V、B_V、C_V、

D_V、E_V、F_V；④过这些交点作返回光线；⑤过点 a、b、c、d、e、f 作圆柱面上直素线的 V 面投影，并分别与前返回光线相交，这些交点就是所求影线上的点；⑥光滑连接。

此外，所求影线上的某些点还可利用其位置的特殊性而确定：例如圆柱面最左素线与环面落影交点 A；对称于光平面、位于最前素线上的点 D 与点 A 等高；环面阴线落影在轴线上的点，在柱面的落影将是最高点 B 等。将所求得的点光滑相连，就得所求的影线。

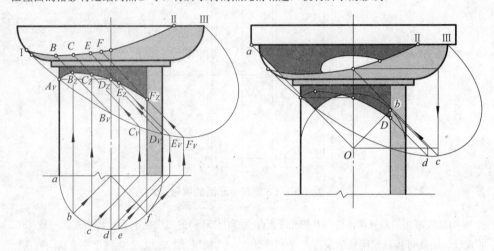

图 1-54　环面在柱面上的落影　　　　图 1-55　托斯康柱头的阴影

(3) 作出托斯康柱头的阴线及落影。

图 1-55 所示作托斯康柱头的阴线及落影实际上是综合运用图 1-46、图 1-49、图 1-51、图 1-53、图 1-54 的方法以及前面介绍的相关点、线、面落影规律和典型例题的作图技巧，请读者自行对照分析。

1.6　建筑细部的阴影

建筑细部，是指窗口、门洞、台阶、阳台、坡顶屋等一般建筑中常见的某一局部构成部分。这些建筑细部实际上是一些有具体功能的组合体，它们由若干基本体按某种方式组合而成，作建筑细部的阴影同作组合体的阴影一样，通过读图→阴阳面分析→确定阴线位置→承影面判断→掌握落影特点，最后利用落影规律进行作图。

1.6.1　窗口的阴影

图 1-56 所示是几种不同形式的窗口。这些窗口的特点是：阴线为窗口的边缘

线、窗台(楣)的轮廓线，承影面为窗扇面和墙面，由于阴线均为承影面平行线或垂直线，因此，可按照落影的平行律、垂直律直接作图。

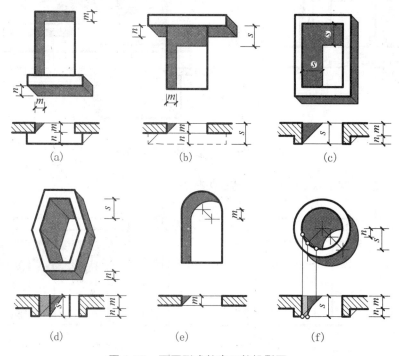

图1-56 不同形式的窗口的投影图

注意：①由建筑立面图门窗关闭的绘图特点，在加绘阴影时，一般情况下，以外墙面及位于内墙面的窗平面、门洞平面作为承影面；②重点解释落影特点，暂不考虑门窗厚度。

从图1-56可以看出，窗洞口边缘无论是什么形式，当阴线与承影面平行，则其落影与阴线本身是平行的，且图中落影宽度 m 反映了以内墙面为承影面时窗口的深度；落影宽度 n 反映了窗台、窗套或雨篷凸出墙面的距离；落影宽度 s 则是 m 与 n 的总和，反映窗套或雨篷凸出内墙面的距离。因此，只要已知窗洞口的相关距离尺寸，即可单面作图。

1.6.2 门洞和雨篷的阴影

图1-57所示是几种不同形式门洞的阴影。门洞落影的处理过程与窗洞口类似，由于门洞的构造相对窗口来说较复杂，需要采用多种方法求解。

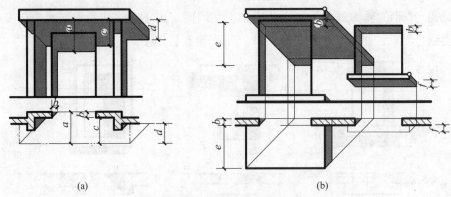

(a)　　　　　　　　　　　　　(b)

图 1-57　不同形式的门洞的阴影

例 1-12　如图 1-58(a)所示，求门洞的落影。

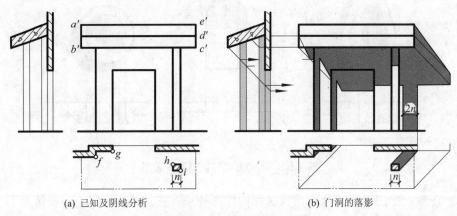

(a) 已知及阴线分析　　　　　　(b) 门洞的落影

图 1-58　例 1-12 图

读图分析　由给定的正立面图和剖面图(右方向投射)可知该门洞上方有一斜遮阳板，左墙凸出，右部有一矩形支柱。

阴线及承影面分析　除雨篷上有四条阴线外，墙与柱上还有四条铅垂阴线，如图 1-58(a)所示。承影面分别为墙面(两个墙面前后错位)、门洞。

作图　(见图 1-58(b))

(1) 完成斜遮阳板上阴线的落影。

斜板左下斜线将落影于前后错位的两个墙面及门洞，作图可应用直线落影的相交律——该线落影过线面之交点，作出前端点在每一个承影面上的落影(可用扩大平面法或利用右视图积聚性投影)、应用平行律——同一阴线在相互平行的承面上的落影相互平行，只要作出过渡点就可推出平行线。斜板前下侧垂线将落影于墙面及门洞和右柱上，作图可用量度法或利用右视图积聚性投影及应用平行律。斜板右边缘铅垂线及斜线将落影于墙面，作图可用量度法或利用右视图积聚性投影。

(2) 完成左墙角及门洞右侧阴线的落影。

可用量度法或直接用落影规律作图。

(3) 完成右柱上阴线的落影。

可用量度法或直接用落影规律作图。这里两条铅垂阴线落影间的距离为阴线间距离的两倍。

1.6.3 台阶的阴影

图 1-59 所示为两侧有矩形挡板的台阶,墙角处呈斜坡状。该台阶阴线 AB、BC、DE、EF 均为投影面特殊线,承影面分别为地面、墙面、斜坡面、踏步的踏面和踢面。根据各部位阴线的空间位置及落影特点,该台阶可利用左视图的积聚性投影,运用光线迹点法、延线扩面法等多种方法,并应用相交直线的落影规律及相互平行的线线、线面,其落影仍运用平行关系的特性进行求解。

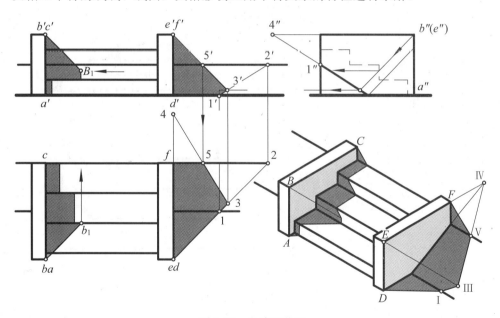

图 1-59 台阶的落影

作图过程如下。

(1) 完成台阶左挡板上阴线的落影。

阴线 AB、BC 均为投影面垂直线,在 H 面和在 V 面都可应用直线落影的垂直律和平行律作图。但关键是求阴点 B 的落影,完成阴点 B 落影的方法有:①在左视图的积聚性投影中,应用光线迹点法求阴点 B 的落影的位置;②直接在 H 面和在 V 面的投影应用直线落影的垂直律作图。

(2) 完成台阶右挡板上阴线的落影。

虽阴线 DE、EF 仍为投影面垂直线,在 H 面和在 V 面都可应用直线落影的垂直律作图,但阴点 E 落影于墙角斜坡Ⅲ处,求解方法如下。①光线迹点法:在左视图的积聚性投影中,应用光线迹点法求阴点 E 的落影的位置,然后由投影规律在 V 面过 $e'f'$ 作 45° 斜线与投影连线相交。②光截面法:在 H 面作过 FE 的光平面交斜坡面于ⅠⅡ,即 12、1'2',由 $e'f'$ 作 45° 斜线交 1'2'于点 3',返回 H 面得 3。③延线扩面法一:向后延长阴线 EF,与扩大的斜坡面相交于点Ⅳ,在 V 面过 $e'f'$ 的积聚投影作 45° 斜线交斜坡面于 5,在 H 面连 45 并与过 ed 所作的 45° 斜线相交于点 3。④延线扩面法二:向下延长阴线 DF 与扩大的斜坡面相交,其作图过程与③相同,读者可自行完成。

例 1-13 如图 1-60 所示,求台阶的落影。

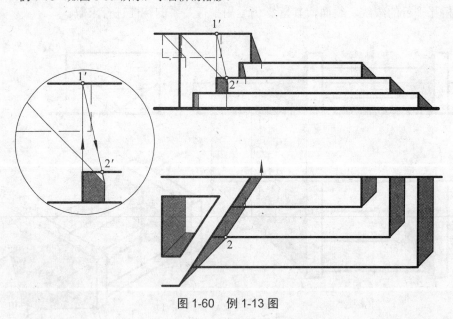

图 1-60 例 1-13 图

读图分析 由给定两个投影图可知,立于地面背靠墙面的台阶,左侧有带花台槽的斜向铅垂面的作为挡板。

阴线及承影面分析 花台槽的左、前上边线;斜栏板的前铅垂线、右上水平线;各踏面的右上边线;各踢面的右铅垂线为阴线,花台槽底面、台阶的踏面、踢面、墙面为承影面。

作图

(1) 完成花台槽上阴线的落影。

花台槽的左、前边阴线均与承影面平行，可根据直线落影的平行律，应用光线迹点法或量度法作图。

(2) 完成斜向铅垂面挡板上阴线的落影。

斜向铅垂面挡板上铅垂线在 H 面投影符合直线落影的垂直律，作图是可先在 H 面投影作 $45°$ 斜线交于第二级的踏面，然后在 V 面作 $45°$ 斜线与在 H 面投影所作 $45°$ 斜线交于第二级的踏面的投影连线相交得铅垂线上端点的落影。

铅垂面挡板上水平线在各踏面上的落影均符合平行律——线面平行、线线平行，在各踢面上的落影也符合平行律——线线平行，因此，只需求出在其中一个踢面上的落影，即可完成各踢面、踏面上的落影，作图步骤(见图 1-60 放大附图)：①扩大铅垂线上端点落影所在踢面，与水平线相交于点Ⅰ；②将前铅垂线上端点的落影与点Ⅰ连接，即得右上水平线在踢面上的落影方向；③落影方向线与踢面边线的交点Ⅱ将是下一段落影的起点；④由两段落影的交点带出另一段落影——影交带影。

(3) 完成台阶的踏面、踢面上阴线的落影。

可用量度法或直接用落影规律作图。

1.6.4　阳台的阴影

图 1-61 所示是半凹阳台的阴影。由于阳台的阴线和承影面都处于特殊位置，作图时除可直接按落影规律来完成，也可根据已知的凸凹深度单面作图。图中分别找出各处的坐标差 m、n、h 之后，就可据此等数值作图。

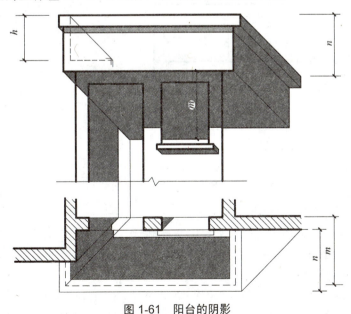

图 1-61　阳台的阴影

1.6.5 同坡屋顶房屋的阴影

图 1-62 所示为双坡房两檐口不等高的房屋正立面图的阴影。在图中平檐口阴线在墙面上的落影符合平行律，除可按落影规律作图，还可用量度法作图，如阴线 AB、BC、过点 G 的铅垂线、过点 E 的侧垂线。悬山斜线 CD 在上平檐口和右墙面的落影需用光线迹点法、延线扩面法完成，作图过程为：①作阴点 C 在封檐板扩大平面上的虚影(c_1')；②连接 $D(c_1')$，得 CD 在上平檐口扩大平面上的落影；③右墙面与平檐口所在的平面平行，过阴点 C 在右墙面上的落影 c_0' 作前直线的平行线，即可完成。该斜线的落影还可采用延长斜线 CD 及扩大右墙面的方法来完成，读者可自行思考作图过程。

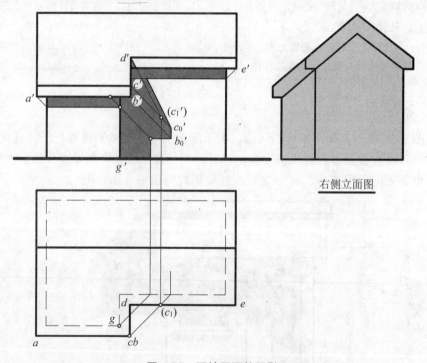

图 1-62 双坡屋面的阴影

注意过渡点对在作图中的应用。

例 1-14 如图 1-63 所示，求同坡不等高屋檐的落影。

读图分析 由给定三个投影图可知，该房屋同坡但屋檐不等高，两个垂直于相应投影面的坡屋面相交，产生相贯线——斜天沟线。

阴线及承影面分析 该房屋人字屋檐的顶角为锐角，此时屋面 P、Q、R 面对 H 面的倾角大于 45°，所以 P、R 面为阳面，Q 面为阴面。阴线除了几条明显的阴线外还有：平脊线 AB、斜脊线 AC、檐口线 CE，因背光屋面 Q 突出山墙部分的底面是阳面，所以过屋檐下方端点 E 的正垂线 EF，也是阴线。承影面分别为屋面 R、平檐口面、两个墙面。

本例可利用右侧立面图的积聚性投影辅助作图、应用光截面法、光线迹点法、延线扩面法等方法进行求解。

提示：若利用右侧立面图的积聚性投影应用光线迹点法作图，将简化作图过程。

读者可自行用光线迹点法完成作图。本例题主要介绍另几种解题方法。

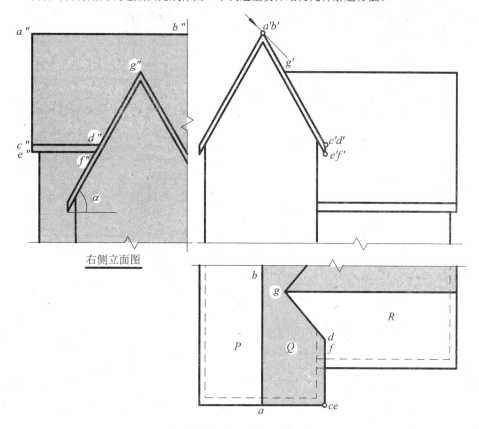

图 1-63 已知及阴线分析

作图(见图 1-64)

(1) 完成平脊线 AB 的落影。

AB 为正垂线，它将落影于侧垂屋面 R 上。

作图步骤：①过正垂线 AB 在 V 面的积聚投影 a'b'作 45°斜线；②包含该斜线作一个光截面(正垂面)，交 R 面边线于 1'、2'两点，并作出它们的 H 面投影 1、2；③过点 a 作 45°斜线，交连线 12 于点 a_R——点 A 在屋面 R 上的落影的水平投影，进而得到 a_R'；④分别连线 2'a_R'及

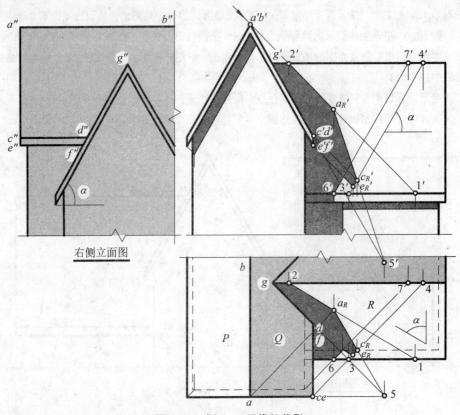

图 1-64 例 1-14 屋檐的落影

$2a_R$,即为 AB 在屋面 R 上的落影 II A_R 的两投影。

(2) 完成斜脊线 AC、檐口线 CE 的落影。

斜脊线 AC 和檐口线 CE 将落影于屋面 R 上。完成 AC 落影关键是作出阴点 C 的落影,可应用积聚性法、光截面法、光线迹点法、延线扩面法等方法。

光截面法作图步骤:①过铅垂线 ce 作 45° 斜线;②包含该斜线作一个铅垂光截面,交 R 面边线于 3、4 两点,并作出它们的 V 面投影 3′、4′;③分别过点 c'、e' 作 45° 斜线交连线 3′4′ 于点 c_R'、e_R',进而得 c_R、e_R;④分别连 $a_R c_R$、$a_R' c_R'$ 即得 AC、CE 在屋面 R 上落影的两投影。

延线扩面法作图步骤:①向右延长阴线 ac 及斜天沟线交于点 5;②向下延长 $a'c'$ 后得到 5′;③分别连 A_R V 的两投影面上的投影,即得 AC 在屋面 R 上的落影的两投影;④求 CE 在屋面 R 上的落影。

(3) 正垂线 EF 及山墙角的落影。

山墙角处的铅垂线可按光线迹点法直接得到在墙面及屋檐的落影,由于该阴线平行于 CE,所以在屋面 R 上的落影也与 $C_R E_R$ 平行,同样 EF 与 AB 平行,由落影的平行律、垂直律可将正垂线 EF 在屋面 R 上的落影求出。

注意垂直律在本例中的应用：本例中的投影面垂直阴线，如 AB、CE、EF 及山墙角铅垂线，它们在所垂直的投影面上的落影均在 45° 斜线方向上，而落影在另外投影面上的投影彼此呈对称图形，即与斜坡屋面的倾角具有对应关系(注意右侧立面图的读图方向)。

1.6.6 烟囱、天窗的阴影

图 1-65 所示为同坡屋面上烟囱落影的求法。

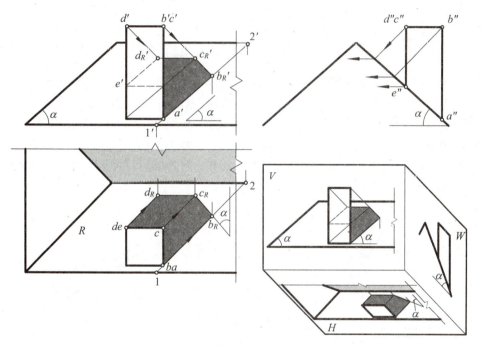

图 1-65 坡屋面上烟囱的落影

在图 1-65 中，烟囱的阴线为 AB—BC—CD—DE 四段折线。由于这几段线都为投影面垂直线，所以它们在各投影面上的落影均符合落影规律的平行律、垂直律，完成它们的落影可应用光截面法、光线迹点法及运用平行律、垂直律的落影规律作图。注意垂直律在作图中的应用。

图 1-66 所示为在坡屋面上不同位置烟囱的落影。除图 1-66(d) 的烟囱上有一方形盖板外，各烟囱只是位置不同。烟囱上的阴线同样都是特殊位置直线，因此，作图过程与图 1-65 的大致相同，读者可自行分析。

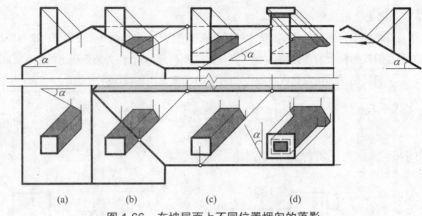

图 1-66　在坡屋面上不同位置烟囱的落影

图 1-67 所示为坡屋面上天窗的落影。在图中坡顶人字天窗的顶角为钝角，此时天窗坡顶都为阳面。阴线为过点 A 的正垂线、AB—BC—CD—DE、GF—GH—HI—IJ、KL，承影面分别为天窗墙面和坡屋面，根据各阴线的空间位置及相对承影面的位置，完成图 1-67 所示天窗的落影，可应用光截面法、光线迹点法及运用平行律、垂直律的落影特征作图。读者可参考前面的举例，对照图 1-63，思考每条阴线落影的作图过程和落影特点。

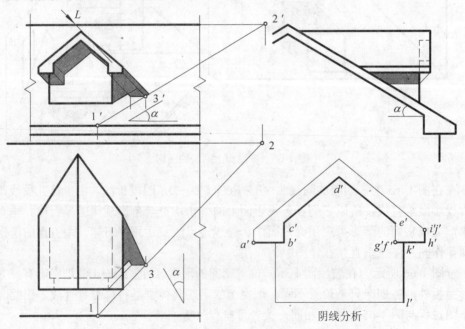

图 1-67　坡屋面上天窗的落影

1.7 综合举例

在建筑形体的正投影图上加绘阴影是一个将前面所学的知识综合运用的过程,只要掌握了读图的基本规律、建筑形体的图示特点、阴影的作图规律以及灵活运用解题常用的各种方法,就能很好地掌握本节内容。

图 1-68 是在一幢平房的平面图、正立面图、侧立面图上加绘阴影的作图结果。请读者自行分析阴、阳面,阴线及采用的作图方法。在此只提示完成几个部位阴影时的作图特点。

1. 台阶挡板的落影

台阶左右各有一条斜挡板(称为垂带)。右挡板的斜边分别落影于墙面和地面,可利用右侧立面图的积聚性投影,作墙角的返回光线进行求解。或取斜线的中点(比较方便用分比法求出中点的另外投影),根据落影规律作出中点的落影位置而得到斜线在某一承影面上的落影方向,进而求得在墙角的折影点。

2. 门洞翼墙的落影

门洞翼墙的阴线将落影于地面、斜挡板侧面与斜面、墙面。由右侧立面图的积聚性投影,作墙角等转折部位的返回光线(见放大附图),作出它们在另两个投影面的落影。如墙角的折影点 I ,由 $1''_0$ 引返回光线交斜线 $1''$ 后求出该点在正立面图中的落影 $1'_0$,然后,将雨篷在墙面上过渡点对直接与折影点连接。

具体作图过程:①将积聚投影作出遮阳板上侧垂线的阴点 $2'$ 在翼墙斜线上的落影 $2'_3$ (该点与翼墙斜线上的点 $3'$ 重合);②过重合点引 45° 斜线与遮阳板在墙面上的落影相交于 $2'_0(3'_0)$,得翼墙斜线上一阴点在墙面上的落影;③连 $1'_0 2'_0$,即得翼墙斜线在墙面上的落影。或在翼墙斜线上 $1'$ 、$3'$ 之间任取一点(或中点),求斜线在墙面上的落影方向。翼墙斜线在挡板斜面上的落影可利用积聚性投影作返回光线求解。

图 1-68 中的翼墙上斜线还可利用过渡点对辅助作图。

3. 人字屋檐封檐板在圆柱气窗的落影

人字屋檐封檐板在圆柱气窗上的落影可利用过渡点对辅助作图。

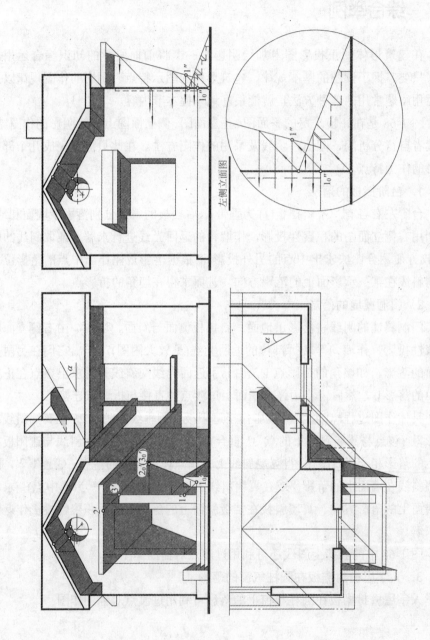

图 1-68　在建筑形体的投影图上加绘阴影

思 考 题

1. 观察思考题图 1 中形体在同一投影面上产生的影子与投影图阴和影有何区别？

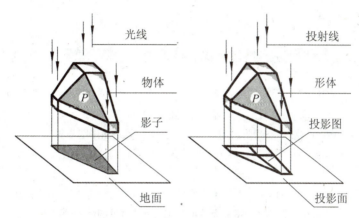

思考题图 1

2. 何谓阴面、阳面、阴线、影线？它们之间的关系是什么？
3. 常用光线的投影有何特点？怎样简化作图？
4. 作点的影的实质是什么？试叙述作图过程。
5. 空间一点对 V 面及 H 面的距离相等，该点的影将落于何处？试画出它的正投影图。
6. 直线的落影规律分为哪几种？观察身边的形体上的边线在日光或灯光的照射下的落影现象，它们各自符合什么落影规律？
7. 当一阴线段不只落影于一个承影面上时，试分别分析可能的情况及其落影规律的特点。
8. 什么是折影点？什么是过渡点对？怎样利用它们辅助作图？
9. 作平面的影的实质是什么？平面图形的阴面和阳面如何判别？
10. 在正投影图中，如何判断平面立体的阴面、阳面、阴线？试举例说明。
11. 试述用切锥面法求曲线回转面的阴线的根据和作图步骤。
12. 在分析复杂形体时，宜从形体的哪个部位开始分析？
13. 当承影面具有积聚性投影时，应采用什么作图方法？当承影面没有积聚性投影时，应采用什么作图方法？

轴测图上的阴影

本章要点

- 图学知识　在轴测图上加绘阴影的作图基本方法、规则和作图步骤。
- 学习重点　掌握在长方体的轴测图上加绘阴影各形式的作图方法以及曲面体上阴线的确定。
- 学习指导　(1) 掌握在轴测图上加绘阴影的作图基本方法；明确阴影作图的基本规则，熟练作图的步骤，为后期学习透视图上的阴影作图打下必要的基础。
  (2) 在作图过程中，经常与日常生活中观察获得的落影现象对比，并与所掌握的知识对比，以加深理解。灵活运用多种作图方法。

2.1 概述

2.1.1 轴测图上阴影的作用

在轴测图上加绘阴影，会使图形进一步加深立体造型的艺术感染力，而具有立体感和真实感，如在建筑物的轴侧图上加绘阴影将能更好地表达建筑或规划的设计意图。如图 2-1 所示，在台阶的轴侧图上加绘了阴影，则突出了墙角处具有斜面的特点。

2.1.2 轴测图上阴影光线的选择

轴测图中所加绘阴影的光线方向，可以根据图样表现的需要而灵活选取，以获得形体表达的最佳效果。轴测图中的阴影常采用两种光

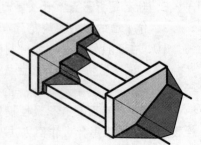

图 2-1　台阶的阴影

线:平行光线(日光)和辐射光线(灯光),本章将重点介绍平行光线下的轴测图阴影。

平行光线与正投影图阴影中所用光线的共同特点是:在平行投影的视图上加绘阴影,其光线及光线的投影的落影规律符合平行性。所不同的是:正投影图阴影用的是方向不变的常用光线,而轴测图阴影用的光线方向可根据需要变化。轴测图阴影用的光线一般可以下列形式选择光线。

(1) 先给出光线的方向 L 及其在某承面上的投影 l,如地面(相当于 H 面)、墙面等,然后画出轴测图阴影,如图 2-2 所示。

注:在轴测投影中,一般把光线的轴测投影方向称为光线方向(简称光线),把光线在某一承影面上的轴测投影称为光线的次投影方向(简称光线次投影)。

当光线平行于轴测投影面而对水平线呈 45°~60°角时,其阴影的效果较好。

(2) 根据表现效果的需要,先给出形体上某一角点的落影位置,指定光线的方向,然后确定其次投影的方向,由此画出轴测图阴影,如图 2-3 所示。

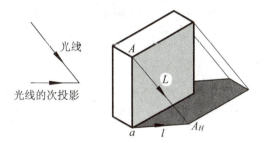

图 2-2 由给定光线方向求落影

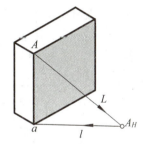

图 2-3 先确定点的落影反求光线方向

2.2 轴测图上的点、线、面、立体的落影

2.2.1 点的落影

求轴测图上点的落影,即是求经过该点的光线与承影面的交点。

在图 2-4 轴测图中,已知光线方向 L 及其次投影方向 l,并知空间点 A 及在 H 面上的投影 a,承影面为 H 面,则过空间点 A 的光线的轴测投影必平行于光线方向 L,过点 A 的投影 a 作光线的次投影必平行于 l,两线的交点即为过点 A 的光线与 H 面的交点——影子 A_H。由于点 a 也可视为过点 A 的铅垂线与水平面的交点,可见 aA_H 又是过点 A 的铅垂线在水平面上的落影(线面相交影线过交点)。因此,铅垂线在水平面 H 上的落影方向,就是光线在水平面 H 的次投影方向。

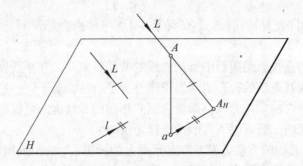

图 2-4　轴测图中点的落影

2.2.2　直线的落影

求轴测图上直线的落影,就是求直线上两端点在同一承影面上落影的连线。直线在轴测图中的落影同正投影图中直线落影的基本特性一样,也具有平行性、相交性、垂直性。如线面平行则影线平行,两线平行则在同一承影面(或相互平行的平面)上两影平行,两面相交其折影点在两面交线上,线面相交则线的落影过其交点,直线在所垂直承影面上的落影与光线在该承影面上的次投影方向一致等,如图 2-5 所示。读者可自行分析。

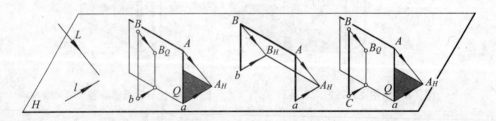

图 2-5　轴测图中点、线、面的落影

2.2.3　平面的落影

求轴测图上平面多边形的落影,可先求出平面多边形上各顶点的落影,然后依次连接影点,如图 2-6 所示。

求轴测图上平面曲面的落影,可先求出平面曲面图形上一些特殊点,如中心、曲线切点及一般点的落影,然后将同面落影依次连接影点,如图 2-7 所示。

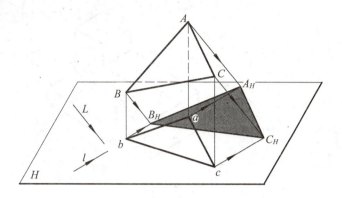

图 2-6 轴测图中平面多边形的落影

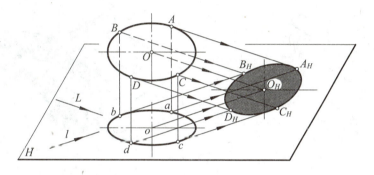

图 2-7 轴测图中平面圆的落影

2.2.4 立体的落影

求立体的轴测图上的阴影,同在正投影图上求作阴影的原理相同。先根据光线方向辨别阴阳面,确定阴线,再求阴线的落影,最后影区标注。

在立体的轴测图上作阴影的基本方法有:光线迹点法、光截面法、返回光线法、延线扩面法等。

例 2-1 如图 2-8 所示,已知光线的方向,求立体的阴影。

阴线分析 由光线的方向为左前上向右后下照射,可判断出该立体的阴阳面及阴线,如图 2-9(a)所示。

承影面分析 承影面分别为立体右前中部水平面和地面。

本例可应用光线迹点法、延线扩面法进行求解。作图结果如图 2-9(b)所示。

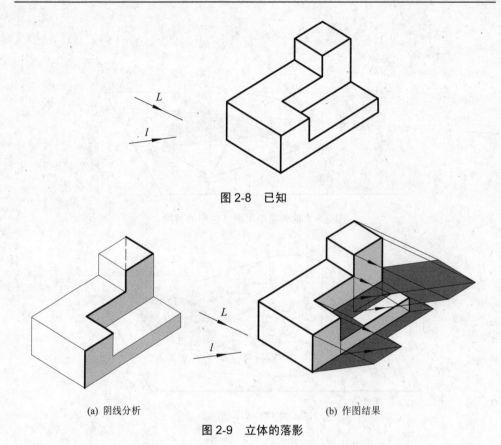

(a) 阴线分析　　　　　　　　　(b) 作图结果

图 2-9　立体的落影

例 2-2　如图 2-10(a)所示,已知光线的方向,求立体的阴影。

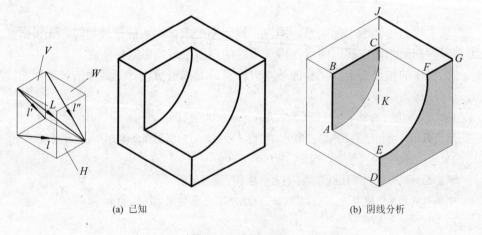

(a) 已知　　　　　　　　　(b) 阴线分析

图 2-10　例 2-2 图

阴线及承影面分析　光线的方向为左前上向右后下照射，由该立体的阴阳面可判断出立体上的阴线为 AB—BC 及 DE—EF—FG—GJ—JK，如图 2-10(b)所示。承影面分别为立体上的 1/4 圆柱面和地面。

本例可应用光线迹点法、延线扩面法进行求解。

作图

(1) 完成直线 AB—BC 在凹圆柱面上的落影。

由阴点 B 作 V 面光线的次投影平行交圆弧后，作柱面上的素线(平行于 CF)，再由点 B 作光线的方向线与之相交，得到阴点 B 在圆柱面上的落影。

阴点 A 和阴点 C 的落影均为其本身，AB、BC 之间的线段可适当选择一般点，如图 2-11 中的点 Ⅰ、Ⅱ，按前述相同的方法作出其落影。最后光滑连接。

(2) 完成直线 DE—EF—FG　GJ—JK 在地面上的落影。

作图过程及作图结果如图 2-11 所示。

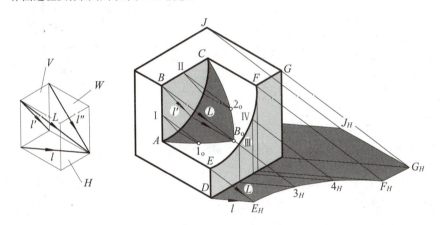

图 2-11　例 2-2 作图过程及作图结果

例 2-3　如图 2-12(a)所示，已知光线的方向，求圆帽柱身的阴影。

承影面分析及阴线确定　由第 1 章的知识可知，除了它们本身均有阴面以外，圆柱帽的下底面边缘阴线还要落影在柱身上。柱头和柱身上阴线的确定可由给定光线的次投影方向线 l 作两个柱面轮廓线的切线而获得。

本例应用光线迹点法进行求解。

注：光线的次投影方向线 l 可在与 H 面平行的相关平面上应用，如本例中的圆柱帽底面，光线在该平面的次投影方向平行于 l。

作图　如图 2-12(b)所示。

(1) 由光线的次投影 l 在圆柱帽底面作两个圆柱端面轮廓线的切线得切点 A、b。由两切点作柱面上的素线平行线,即得圆柱帽和柱身的阴线。

(2) 由切点 b 作光线次投影 l 的返回平行线交圆柱帽底面于阴点 B 后,过点 B 作光线的方向线得阴点 B 在柱面的落影 B_Z。

(3) 由柱身最左素线与柱顶圆的切点 c 引返回光线次投影 l,交圆柱帽底圆于阴点 C 后,过点 C 作光线的方向线得阴点 C 在柱面最左素线上的落影 C_Z。

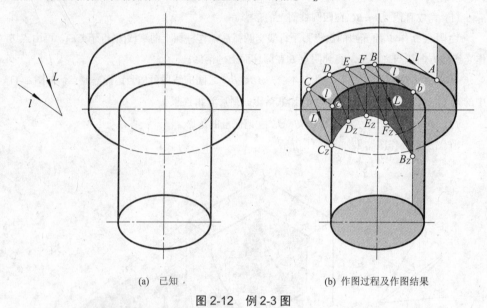

(a) 已知　　　　　　　　(b) 作图过程及作图结果

图 2-12　例 2-3 图

(4) 在圆帽柱底圆阴线点 B、C 之间选取若干阴点,按如上相同作图过程,求其落影,如图 2-12(b)中的阴点 D、E、F。其中最高点可试探求出。

(5) 光滑连接,影区上色。

2.3　建筑物轴测图上的落影

例 2-4　如图 2-13 所示,已知光线的方向,求台阶及门洞的阴影。

由给定光线的照射方向,可判断出该台阶及门洞的阴线为 AB—BC—CD—DE 及 FG—GH—HI—IJ—JK,如图 2-13 所示。承影面分别为地面、墙面、踏面和踢面。

根据各部位阴线的空间位置及落影特点,本例可应用光线迹点法、延线扩面法,并应用相交直线的落影规律及相互平行的线线、线面,其落影仍具有平行关系的特性求解。

作图

(1) 完成台阶左挡墙上阴线的落影。

AB 为铅垂线,可应用光线迹点法求阴点 B 的落影 B_0。

BC 为水平线(地面平行线),其落影 B_0C_0 与自身平行、等长。

CD 与地面倾斜,其落影分别在地面和墙面,在墙角有一个折影点。求该阴线在地面和墙面落影方向的方法有几种。①延长直线(阴线)法:向下延长斜阴线 CD,将该线与地面的交点与阴点 C 的落影连接,可得该线段在地面上的落影及在墙角的折影点。向上延长斜阴线 CD,由该线与墙面的交点与折影点连接可求出该线段在墙面上的落影方向,用光线迹点法求得 D_Q。②扩大平面(承影面)法、光线迹点法:想象将地面向后延伸,并应用光线迹点法求出阴点 D_Q 在地面上的虚影(D_0),再与阴点 C 的落影连接,其后面作法同上。③直线上取两点法:在斜阴线 CD 上任取一阴点(最好落影在地面上),应用光线迹点等方法求出该阴线在地面或墙面上的落影方向。

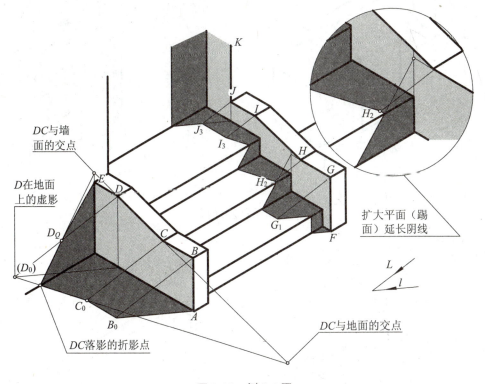

图 2-13　例 2-4 图

DE 在墙面上的落影必通过线面之交点 E,可直接将点 E 与点 D 在墙面上的落影 D_Q 连接。

(2) 完成台阶右挡墙及门洞上阴线的落影。

各段阴线在踏步的各踏面和踢面上的落影均可按照上述的作图方法完成。为简化作图,还可应用直线落影的平行特性:两平行直线在同一承影面或在相互平行的承影面上的落影也相互平行。利用右挡墙上各段阴线与左挡墙上相应平行的阴线,在所平行的承影面上落影仍平行的特点,并利用影交带影,连环作图。

例 2-5 如图 2-14(a)所示,已知光线的方向,在建筑物及地面上加绘阴影。

由给定光线的照射方向,可判断出该建筑物上可见面上的阴线分别为 $AB—BC—CD—Dd$、$EF—FG$、$HJ—JK—KL—LM$、$NO—OP—PQ$,如图 2-14(b)所示。承影面分别为屋面、墙面、斜坡面、地面。

本例可应用光线迹点法、延线扩面法、光截面法求解。

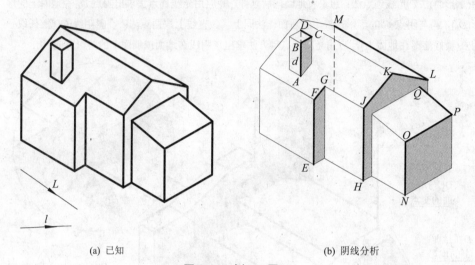

(a) 已知　　　　　　　　　　　　(b) 阴线分析

图 2-14　例 2-5 图(一)

作图

(1) 完成烟囱上阴线的落影,如图 2-15(a)所示。

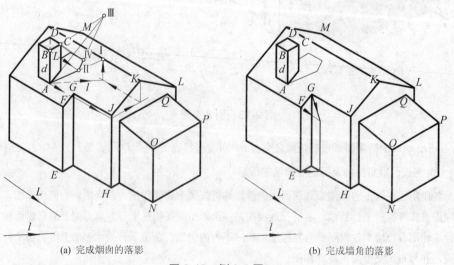

(a) 完成烟囱的落影　　　　　　　(b) 完成墙角的落影

图 2-15　例 2-5 图(二)

AB 为铅垂线,但其承影面——屋面为斜面,其落影运用光截面法、光线迹点法求解。作图步骤:①包含铅垂线 AB 作光平面——铅垂线与光线表示的铅垂面;②求该面与斜屋面之交线——该交线在地面平行面上的投影与光线的次投影 l 平行,因此过点 A 作光线次投影 l 的平行线,与屋脊线在地面平行面上的投影相交后竖高度,交屋脊线可得交线 AⅠ;③过点 B 作光线 L,得落影 AⅡ。

BC 的落影采用光线迹点法、延线扩面法求解。作图步骤:①延长阴线 BC 和阴线 BC 所在平面与屋面的交线,使两者相交于一点Ⅲ;②连Ⅱ、Ⅲ;③过点 C 作光线 L,得落影ⅡⅣ。

CD 与屋面平行,其落影与 CD 平行等长,点 D 的落影可直接应用光线迹点法完成。

过点 D 的铅垂线在屋面上的落影与 AB 的落影平行。

(2) 完成墙拐角处阴线的落影,如图 2-15(b)所示。

应用光线迹点法,由点 E 开始作图,影交带影,连环作图。

(3) 完成右小屋上阴线的落影,如图 2-16(a)所示。

应用光线迹点法,由点 N 开始作图,影交带影,连环作图。

(4) 完成右山墙上阴线的落影,如图 2-16(b)所示。

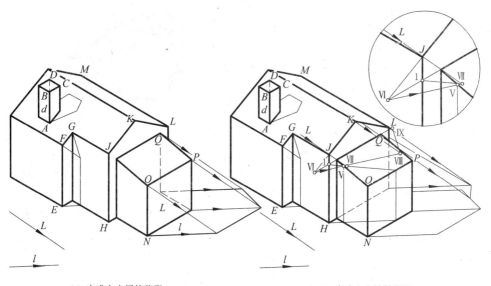

(a) 完成右小屋的落影　　　　　　(b) 完成右山墙的落影

图 2-16　例 2-5 图(三)

HJ 为铅垂线,分别落影在地面、小屋侧墙面、斜坡屋面上。在地面、侧墙面上的落影可根据落影规律求解,在斜坡面上的落影则要应用光截面法或延线扩面法求解。作图步骤:①按前述作图过程作出 HJ 在地面、侧墙面上的落影,并交斜坡面边线于点Ⅴ;②用光截面法求 HJ 在斜坡屋面上的落影:包含 HJ 作一光平面(HJ+光线),求得该铅垂面与小屋的截交线后，由光线迹点法求得点 J 在斜坡屋面上的落影Ⅶ，连ⅤⅦ即可。用延线扩面法求 HJ 在斜坡屋面上的落影：延长斜坡屋面和山墙面的交线，与 HJ 相交于点 1，连Ⅴ1 和由光线迹点法求得Ⅶ，即可得ⅤⅦ。

JK、KL 均为斜线，其在斜坡面上的落影可应用延线扩面法求解。作图步骤：①延长 JK 交斜坡屋面与山墙面的交线于Ⅵ，连ⅥⅦ并延长与过点 K 所作光线相交得阴点 K 的落影Ⅷ，ⅦⅧ 即为 JK 在斜坡面上的落影；②延长阴线 KL 和斜坡屋面与山墙面的交线，使两者相交于点Ⅸ；③作Ⅸ与Ⅷ的连线，得阴线 KL 在斜坡屋面上的落影。KL 在地面上也有一段落影，可根据 KL 在斜坡面边线 QP 上落影(过渡点对中一阴点在另一阴点上的落影)，作光线交 PQ 在地面上的落影即得过渡点对的落影。用光线迹点法作出点 L 的落影，即可得 KL 在地面上的落影。

LM 为地面平行线，可按落影平行规律作出 LM 在地面上的落影。

(5) 连接各段阴线的落影后在影区上色，作图结果如图 2-17 所示。

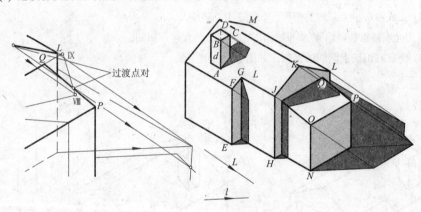

图 2-17 例 2-5 作图结果

例 2-6 在图 2-18(a)所示门洞处加绘阴影。

在轴测图上加绘阴影，为使建筑物更加生动、逼真地表达设计者意图，常常根据建筑对象具体特点选择光线方向，为控制好建筑阴影的形态和大小，所选择的光线要与建筑的朝向协调一致，不可产生过长或过短的落影。具体作图时，可根据画面构图和建筑形体的特点，先指定一典型位置的点在某承影面上落影的位置，然后由落影规律反求出光线方向及其各次投影方向，最后完成建筑形体上各条阴线的落影。

本例选择门洞雨篷右前上角点 A。A_0 为点 A 指定的落影位置，AA_0 连线即为光线方向，如图 2-18(b)所示。由假设光照来源，可确定门洞及雨篷的阴线、光线在地面的次投影方向，这里光线次投影方向的确定可利用与地面平行的雨篷底面，即过点 A_0 作垂直线，交门洞与雨篷底面的交线后，作与点 A 的连线，该连线即为光线在地面的次投影方向。如图 2-18(c)所示。

本例可应用光线迹点法、延线扩面法进行求解。

作图 如图 2-18(d)所示。

(1) 完成雨篷上阴线 $AC—CD—DE$、BA 的落影。

阴线 AC 落影于左墙面、门洞的正面和侧面上。作图步骤：①根据线面的平行关系，可过点 A_0 作与 AC 平行的直线交门洞边线点 Ⅰ；②扩大门洞侧面，延长门洞侧面与雨篷底面的交线，与阴线 AC 交于点 Ⅱ，连接 Ⅱ Ⅰ 可得 AC 在此处落影；③过 Ⅲ 作 AC 的平行线，与过阴点 C 所作的光线相交于 C_1；④由光线迹点法完成阴线 $CD—DE$ 的落影。

平行于 DE 的阴线 BA 在右墙面和门洞上的落影符合平行律，其作图步骤如图示。

(2) 完成门洞上阴线 FG 的落影，过点 F 作光线次投影平行线交于门洞顶面边线，后作 FG 平行线。

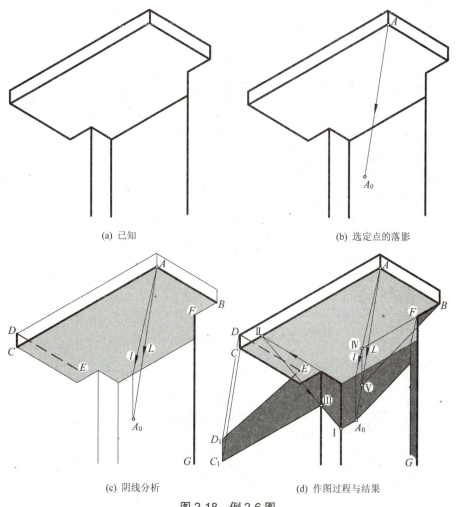

(a) 已知　　(b) 选定点的落影

(c) 阴线分析　　(d) 作图过程与结果

图 2-18　例 2-6 图

思考 若选择过门洞雨篷左前上角点 A 的光线方向为图 2-19 所示,与前所选择的相比,哪个的效果更好?

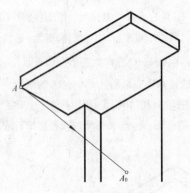

图 2-19 思考落影的效果

2.4 辐射光线(灯光)下的落影

在轴测图中,辐射光线(灯光)是以有限远处的光源及在某些平面上的次投影共同确定的。在图 2-20 中可知:空间上任一点在某平面如地面上的落影,是通过该点的灯光线与灯光和该点在同一平面次投影间连线的交点如点 A、B。它们的落影规律表现如下。

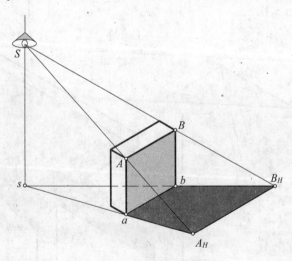

图 2-20 辐射光线的阴影

(1) 与承影面平行的直线，在该承影面上的落影与直线自身平行，如 $AB /\!/ A_H B_H$。

(2) 垂直于承影面的直线，在该承影面上的落影必通过灯光在该承影面上的次投影，如 aA_H、bB_H 均通过 S。

(3) 垂直于同一承影面的一组直线，它们在该承影面上的落影不平行，但它们的延长线必交于一点——灯光在该承影面上的次投影。

在建筑轴测图中，以辐射光线(灯光)为光源加绘阴影被广泛用于室内装修工程设计中，以表达在室内的主要光源作用下，室内设施的光影、明暗等效果，以此加强效果图的光感和层次感。

例 2-7 图 2-21(a)所示为室内一角的投影图，完成室内一角的正等轴测图在灯光下的阴影。

分析及作图

作室内一角的正等轴测图时，也将灯光在地面和墙面上的次投影同步作出。

根据轴测图中室内吊灯的位置，可判断出该室内的一些形体上可见面上的阴线，承影面主要为两个墙面、地面。

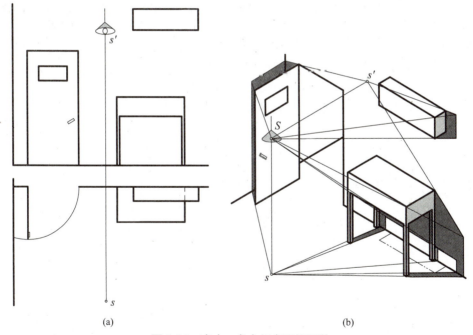

图 2-21 室内一角在灯光下的阴影

(1) 完成室内门的落影。

室内门的阴线为门上边线和门手柄侧边线。门上边线将落影于左右墙面上，门手柄侧边线将落影于左墙面和地面。作图步骤：①过门上边线的右端点(相当于右墙面上的点)作与灯光在右墙面上的次投影的连线,交于左右墙面的交线后,过交点作门上边线的平行线;②过门手柄侧边线的下端点(相当于地面上的点)作与灯光在地面上的次投影的连线,交于地面与墙面的交线后,过交点作门手柄侧边线的平行线;③两条平行线的交点与室内门的相应点的连线必过室内灯光中心。

(2) 室内空调挂机的落影。

室内空调挂机可见面上的阴线有两条,作图按落影规律即可得到。

提示:作地面垂直线在墙面上的落影,也可借助室内空调挂机在地面上的轴测平面图。

(3) 书桌的落影。

书桌可见面上的阴线有若干条,读者可自行分析。作图均按落影规律即可得到。注意靠墙书桌腿的落影。

思 考 题

1．平行光线与正投影图阴影中所用光线的共同特点是什么?

2．轴测图阴影用的光线一般有几种?在平行光线中可用哪几种形式选择光线?

3．在轴测图中直线的落影有哪些基本特性?

4．在立体的轴测图上作阴影的基本方法有哪几种?

5．辐射光线的落影规律是什么?

透视图

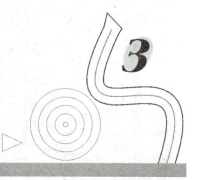

本章要点

- 图学知识　研究富有立体感和真实感、与视觉印象完全一致的中心投影。
- 学习重点　(1) 理解透视投影体系的有关术语与符号的含义,弄清透视图的形成原理。
  (2) 掌握作点和直线透视的基本方法及弄清直线的灭点、画面迹点的概念。
  (3) 掌握一点透视、两点透视和三点透视的特点及作透视图的各种方法。
- 学习指导　实现由平行投影向中心投影的思维转换,从了解透视投影体系,掌握透视图的形成原理开始,由浅入深,由易到难,循序渐进,全面掌握绘制透视图的各种方法和技巧。

3.1 概述

3.1.1 透视图的形成及特点

当人们观察周围的景物时,对所看到的景物就会产生近大远小、近高远低、近疏远密的感觉。图 3-1 所示为建筑形体的透视图,它形象逼真地反映出建筑物的外貌。在图中一些原来互相平行的线条,随着与观察者的距离增加而逐渐靠近,延长后交于一点。这正是人们在观察周围景物时所产生的视觉印象的一个重要特征——透视现象。

由于与人的视觉印象一致,透视图在工程上成为一种很重要的辅助图样。在建筑设计过程中,特别是在初步设计阶段,通常要画出其透视图,逼真地表现所设计的或正在构思的建筑物的形状和特征,供有关人员进行研究、分析、评价,从而更好地表达设计意图。

图 3-1　建筑形体的透视图

为了绘制出与视觉印象完全一致的图样，假想在人与景物之间设置一个透明的投影面(称为画面)，人的眼睛透过透明的投影面观察物体，即由人的眼睛向物体引视线，视线与画面相交所形成的图形称为透视图，如图 3-2 所示。从图 3-2 可以看出，透视图实际上是以画面(一般为平面)为投影面，人眼为投影中心，绘制出的与视觉印象完全一致的中心投影图。

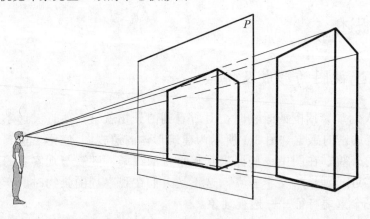

图 3-2　透视图的形成

3.1.2 透视投影体系及基本术语与符号

透视图是以人眼为投影中心绘制出的中心投影图，透视图的投影体系主要由画面、视点和景物组成。下面结合图 3-3 介绍形成透视图的投影体系及有关的术语与符号。

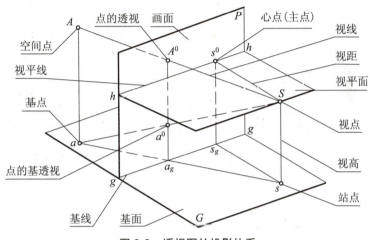

图 3-3 透视图的投影体系

基面(G)——放置建筑物的水平面，即室内外地面。

画面(P)——透视图所在的平面，即透视投影面。

基线(g—g)——画面与基面的交线。

视点(S)——人眼所在的位置，即透视投影的中心。

站点(s)——视点(S)在基面上的正投影，即人的站立点。

视平面——过视点(S)所作的水平面。

视平线(h—h)——视平面与画面的交线。

心点(s^0)——视点(S)在画面上的正投影。当画面与基面垂直时，心点位于视平线上。

视高——视点(S)到基面(G)的距离，即视点与站点的距离 Ss。

视距——视点(S)到画面(P)的距离 Ss^0，当画面与基面垂直时，站点(s)与基线(g—g)的距离 ss_g 反映视距。

视线——过视点(S)的透视投影线，即在作空间点的透视时，视点(S)与空间点的连线。

在图 3-3 中，点 A 为空间一点，点 a 为点 A 在基面 G 上的正投影；由视点 S 向点 A 作视线 SA 与画面的交点 A^0 即为点 A 的透视，由视点 S 向点 a 作视线 Sa 与画面的交点 a^0 即为点 A 的基透视。当画面与基面垂直时，A^0 与 a^0 的连线与基线 g—g 垂直。

3.2 点、直线和平面的透视

3.2.1 点的透视

1. 点的透视形成原理与透视作图

点的透视即过该点的视线与画面的交点。如图 3-4 所示，点 A 在基面 G 和画面 P 上的正投影分别为 a 和 a'，视线 SA 和 Sa 在画面 P 上的正投影分别为 s^0a' 和 s^0a_p。视线 SA 和 Sa 在基面 G 上的正投影为 sa，从图中可以看出，sa 与基线 g—g 的交点为 a_g，由 a_g 作基线 g—g 的垂线，与 s^0a' 和 s^0a_p 的交点即为点 A 的透视 A^0 和基透视 a^0。A^0a^0 是 Aa 的透视，称为点 A 的透视高度。

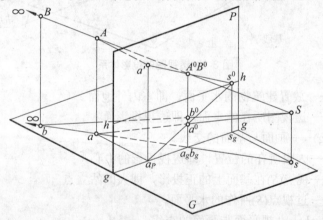

图 3-4 点 A 的透视

点的透视作图是形体透视作图的基础，利用视点和空间点、视线等的正投影来作出透视和基透视的方法，称为**正投影法**。在作图时，为使作图过程清楚，将画面 P 和基面 G 分开放置，上下对齐，并去掉它们的边框，用三线一点表示透视投影体系。运用正投影法除要作出视线的正投影，还要求出视线与画面的交点即视线的迹点，这种求点的透视的作图方法也称为**视线迹点法**，如图 3-5 所示。

根据图 3-5(a)中所示的已知条件，在图 3-5(b)上求点 A 的透视和基透视的作图过程如下。

(1) 在画面上分别连接 s^0a' 和 s^0a_p。

(2) 在基面上连接 sa，与 p—p 交于 a_g。

(3) 由 a_g 向上作基线 g—g 的垂线，与 s^0a' 的交点即为点 A 的透视 A^0；与 s^0a_p 的交点即为点 A 的基透视 a^0。

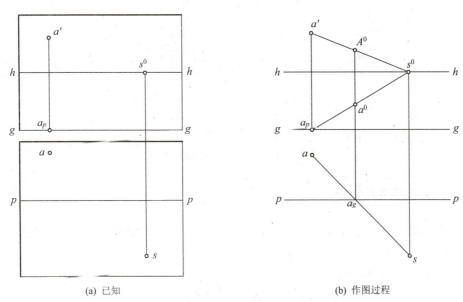

(a) 已知　　　　　　　　　　(b) 作图过程

图 3-5　用视线法求点 A 透视的作图过程

2. 点的透视特点

空间不同位置点的透视，主要根据其基透视的位置来确定。点的基透视不仅是确定点的透视高度的起点，还是判断空间点在画面前后远近位置的依据。

(1) 画面后的空间点，其基透视位于基线和视平线之间，空间点离画面越远，其基透视离视平线越近，如图 3-4 点 B 所示。当点位于画面后无限远时，其基透视就在视平线上。画面后的点透视高度小于真高，如图 3-4 所示。

(2) 画面上的空间点，其基透视位于基线之上，点的透视高度等于真高，如图 3-6 中点 C 所示。

(3) 画面前的空间点，其基透视位于基线之下，点的透视高度大于真高，如图 3-6 中点 D 所示。

(4) 基面上的空间点，其基透视与透视重合，点的透视高度为零，如图 3-6 中点 E 所示。

(5) 当空间点和基点相对基线(或画面)作平移时，其基透视与视平线间的距离不变，即透视高度不变。

读者可想象画面前不同位置的空间点，其基透视的位置的变化趋势。

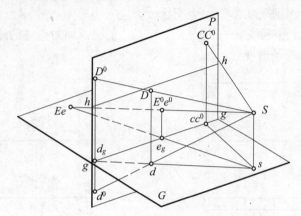

图 3-6　空间各种位置点的透视特点

3.2.2　直线的透视

通过直线上各点的视线形成一视线平面，该平面与画面的交线即为直线的透视，如图 3-7 所示。

1. 直线的透视特点

(1) 不变性——直线的透视和基透视一般仍为直线。

直线的透视是过该直线的视线平面与画面的交线。如图 3-7 所示，直线 AB 的透视是由视线 SA 和视线 SB 所构成的视线平面 SAB 与画面的交线 A^0B^0。同理，直线 ab 的基透视是由视线 Sa 和视线 Sb 所构成的视线平面 Sab 与画面的交线 a^0b^0。

(2) 积聚性——当直线通过视点时，其透视为一点。

如图 3-8 所示，直线 CD 通过视点 S，则其透视 C^0D^0 重合成一个点，但 CD 的基透视 c^0d^0 是一条与基线垂直的直线。

(3) 真实性——当直线位于画面上时，其透视为该直线本身。

如图 3-8 所示，直线 JK 位于画面上，其透视 J^0K^0 与直线 JK 重合。同样其基透视 j^0k^0 与直线 JK 的基面投影 jk 重合，且位于基线上。

(4) 从属性——直线上的点透视和基透视必在直线透视和基透视上。

如图 3-7 所示，直线 AB 上有一点 M，根据几何原理，视线 SM 与画面的交点 M^0 必然在 AB 的透视 A^0B^0 上。同理，M 点的基透视 m^0 也必然在 AB 的基透视 a^0b^0 上。

2. 直线的透视作图

根据相对画面的位置不同，直线可分为两类：与画面相交的直线；与画面平行的直线。与画面相交的直线有灭点，称为有灭直线，其透视可用全长透视来求；与画面平行的直线无灭点，称为无灭直线，其透视可用视线迹点法求直线上两点或直线段的两端点的透视后连点成线。

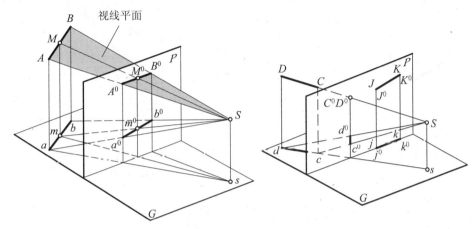

图 3-7　直线及直线上点的透视　　　　图 3-8　通过视点的直线和位于画面上的直线的透视

1) 与画面相交的直线的透视作图

在画面后的与画面相交的直线，其透视必过两个固定点：迹点和灭点。

直线与画面的交点称为迹点。如图 3-9 所示，将直线 AB 向画面延长，与画面的交点 T 即直线 AB 的迹点。

直线上无限远点的透视称为直线的灭点。根据几何原理，平行两直线在无穷远处相交，因此，在图 3-9 中，过视点 S 作视线 SF 与直线 AB 平行，SF 与画面的交点 F 即为直线 AB 的灭点。

直线的画面迹点 T 和灭点 F 的连线 TF 即为直线 AB 的全长透视，简称全透视(或称为透视方向)，直线 AB 上所有画面后点的透视必然在 TF 线上。

一组互相平行的画面相交直线有同一灭点。在图 3-10 中，AB、CD、MN 为三条互相平行的直线，过视点 S 作视线 SF 与这三条直线平行，与画面 P 相交于 F 点，从图 3-10 中可以看出，点 F 就是这三条直线的共同灭点。

(1) 作水平线的透视。

在图 3-11(a)、(b)的透视投影体系图中，已知画面、基面及视点和水平线 AB 及 AB 的基面投影 ab，具体作图过程如下。

① 过 s 作 sf 平行于 ab，与 $p—p$ 交于 f，再过 f 作铅垂线与视平线 $h—h$ 交得灭点 F；

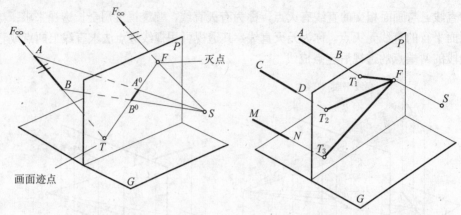

图 3-9　直线的画面迹点 T 和灭点 F　　图 3-10　一组互相平行的画面相交直线有同一灭点

② 延长 ab 与 $p\!-\!p$ 交于点 t，由点 t 向上引垂线与 $g\!-\!g$ 交于点 t'，再由点 t' 作出高度为 L 的直线 Tt'，即作出 AB 的画面迹点 T；

③ 连线 TF 和 $t'F$，即为 AB 和 ab 的全长透视；

④ 用视线迹点法由站点 s 连线 sa 和 sb，与 $p\!-\!p$ 交于点 a_g 和 b_g；

⑤ 由 a_g 向上引铅垂线与 TF 和 $t'F$ 相交于点 A^0 和 a^0，再由 b_g 向上引铅垂线与 TF 和 $t'F$ 相交于点 B^0 和 b^0；

⑥ A^0B^0 为 AB 的透视，a^0b^0 则为 AB 的基透视。

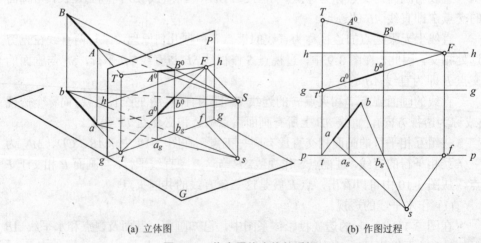

(a) 立体图　　　　　　　　　(b) 作图过程

图 3-11　作水平线直线的透视

(2) 作画面垂直线的透视。

画面垂直线与画面垂直，该线灭点与心点重合，而其迹点则与该直线的正投影重合，画面垂直线的透视仍可用其全长透视来求，如图 3-12 所示。具体作图过程如下。

① 在画面上，将心点 s^0 分别与直线 AB 的画面迹点 D 及水平投影 ab 的画面迹点 d 作连线，得到直线的全透视 s^0D 和其基投影的全透视 s^0d。

②在基面上，将站点 s 分别与直线 AB 两端点的水平投影 a、b 作连线。

③过两视线的水平投影与画面的交点 a_g、b_g 作垂线，分别与 s^0D、s^0d 相交，即得直线的透视 A^0B^0 和基透视 a^0b^0。

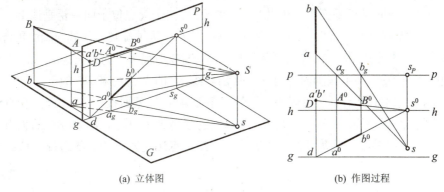

(a) 立体图　　　　　　　　　　(b) 作图过程

图 3-12　作画面垂直线的透视

(3) 作一般线(斜线)的灭点。

一般线既与画面相交，又与基面倾斜。一般线分为两种情况：①前低后高(上行线)，直线的灭点在视平线的上方，称为天点；②前高后低(下行线)，直线的灭点在视平线的下方，称为地点。如图 3-13 所示，在 $\triangle ABC$ 上有斜线 AB 和 BC，其中 AB 是上行直线，与基面的倾角为 α；BC 是下行直线，与基面的倾角为 β。

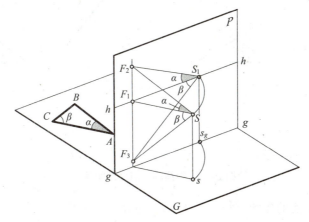

图 3-13　斜线的灭点

一般线的基面正投影为水平线,其灭点在视平线上,一般线的灭点在基投影的灭点的正上方或正下方。

求作一般线灭点的空间分析如图 3-13 所示。在图中,过视点 S 作视线 SF_1 与 AC 平行,与画面交得 AC 的灭点 F_1,灭点 F_1 位于视平线上。再过视点 S 分别作与 AB 和 BC 平行的视线 SF_2 和 SF_3,分别与画面交得 AB 和 BC 的灭点 F_2 和 F_3。从图中可以看出,SF_2 和 SF_1 的夹角为 α,上行直线 AB 的灭点 F_2 位于视平线的上方;而 SF_3 和 SF_1 的夹角为 β,下行直线 BC 的灭点 F_3 位于视平线的下方。由于 SF_2、SF_1 和 SF_3 在同一铅垂面内,因此,F_2、F_1 和 F_3 三个灭点位于同一铅垂线上。

为了能在画面上作图,把铅垂平面 F_2SF_3 以 F_2F_3 为轴旋转,使其与画面重合,旋转后视点 S 旋转到了 S_1。S_1F_1 与视平线重合,S_1F_2 与视平线的夹角为 α,S_1F_3 与视平线的夹角为 β,即可在画面上由点 S_1 作出斜线 AB 的灭点 F_2 和 BC 的灭点 F_3。

如图 3-14(a)所示,在投影图上已知三角形 ABC 的基面投影 abc,及上行直线 AB 与基面的倾角为 α,下行直线 BC 与基面的倾角为 β,作出 AB 和 BC 的灭点。作出一般线的灭点,后就可按正投影法和视线迹点法完成一般线的透视。

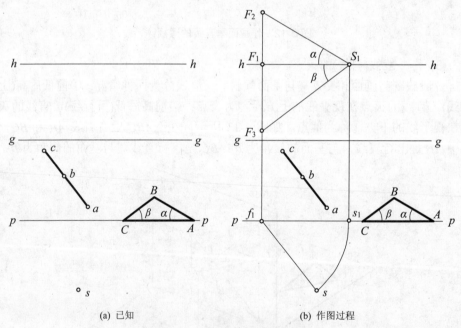

(a) 已知　　　　　　　　　(b) 作图过程

图 3-14　斜线的灭点作图举例

求一般线灭点的作图过程如图 3-14(b)所示。

① 过 s 作 sf_1 平行于 ac,与 p—p 交于点 f_1,并由点 f_1 作铅垂线与视平线 h—h

交得点 F_1。

② 以 f_1 为圆心，以 f_1s 为半径作圆弧，与 $p\text{-}p$ 交于点 s_1，再由点 s_1 作铅垂线与视平线交得点 S_1。

③ 由点 S_1 分别向左上方和左下方作与视平线成 α 角和 β 角的直线，与过 F_1 的铅垂线分别相交，即得到 AB 的灭点 F_2 和 BC 的灭点 F_3。

2）与画面平行的直线的透视作图

画面平行线即无灭点也无迹点，其透视与空间线平行并成比例，与基线的倾角等于直线与基面的倾角，画面上的线是画面平行线中的特殊情况，其透视为直线本身且具有真实性。作画面平行线的透视，可通过作出两端点的透视来完成。

(1) 作与基面倾斜的画面平行线的透视。

如图 3-15 所示，由于直线 CD 与画面平行，CD 没有灭点和画面迹点。从图中还可以看出直线 CD 的透视 C^0D^0 与 CD

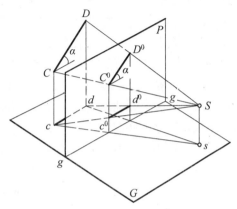

图 3-15 画面平行线的透视

平行，且 C^0D^0 与基线 $g\text{—}g$ 的夹角为 α，与基面的夹角为 α。直线 CD 的基面投影 cd 与 $g\text{—}g$ 平行，其基透视 c^0d^0 也必与 $g\text{—}g$ 平行。

例 3-1　如图 3-16 所示，已知画面平行线 CD 的基面投影 cd，且 CD 与基面的倾角为 $30°$，点 C 位于直线的左下方，离基面的高度为 L，作出 CD 的透视和基透视。

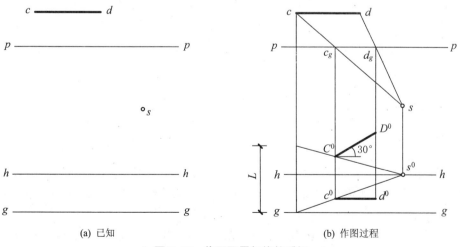

图 3-16　作画面平行线的透视

作图

① 按照前面介绍的求点的透视的方法，作出点 C 的透视 C^0 和基透视 c^0。

② 由于 C^0D^0 与 CD 平行，c^0d^0 与 $g—g$ 平行，因此过 C^0 向右上作 30°直线、过 c^0 作 $g—g$ 的平行线即为 CD 的透视和基透视方向。

③ 由站点 s 连线 sd，与 $p—p$ 交于 d_g，再由 d_g 向下引垂线与过 C^0 向右上作的 30°直线和过 c^0 作 $g—g$ 的平行线分别相交于 D^0 和点 d^0，即可作出 CD 的透视 C^0D^0 和基透视 c^0d^0。

(2) 作铅垂线的透视。

铅垂线是画面平行线的特殊情况，由于过铅垂线的视线平面是铅垂面，因此视线平面与画面相交的直线——透视仍是铅垂线。图 3-17 所示为作三条等高的铅垂线 AA_1、BB_1、CC_1 的透视的作图过程。从图中可以看出，三条铅垂线位于同一铅垂面内，三条铅垂线底部的连线 ABC 和顶部的连线 $A_1B_1C_1$ 是互相平行的两条水平线，因此作图时，只要作出两条水平线 ABC 和 $A_1B_1C_1$ 的透视，即可作出三条等高的铅垂线 AA_1、BB_1、CC_1 的透视。具体的作图步骤如下。

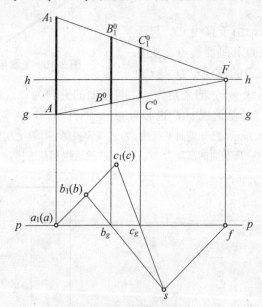

图 3-17 作铅垂线的透视

① 由图 3-17 可知，AA_1 位于画面上，其透视即为本身且反映真高，由 $a_1(a)$ 向上作竖直线，即可在画面上作出 AA_1，A 和 A_1 即分别为 ABC 和 $A_1B_1C_1$ 的画面迹点。

② 由站点 s 作 $a_1(a)c_1(c)$ 的平行线，作出 ABC 和 $A_1B_1C_1$ 的灭点 F。

③ 分别连线 AF 和 A_1F，即为 ABC 和 $A_1B_1C_1$ 的透视方向。

④ 由站点 s 分别向铅垂线的水平投影 $b_1(b)$、$c_1(c)$ 作连线与 p—p 交于 b_g 和 c_g，由 b_g 和 c_g 向上作竖直线，即可作出铅垂线 BB_1、CC_1 的透视 $B^0B_1^0$、$C^0C_1^0$。

(3) 真高线与集中真高线。

在透视图上，同样长度的直线随着距离画面远近的不同，其透视长度也不同。位于画面后的直线，距离画面愈远，其透视愈短，距离画面愈近，其透视愈长，而位于画面上的直线其透视长度不变，因此位于画面上的铅垂线称为真高线(如图 3-18 中的铅垂线 CD)。不在画面上的铅垂线，可以通过真高线来解决透视高度的量取问题。如图 3-18(a)所示，过高度相同、远近不同的两条铅垂线 AB、CD 的上端点所作的连线 AC 是基面平行线，其透视的灭点 F 在视平线上。根据直线透视的从属性和画面平行线透视的平行性，直线 AB 的透视高度必位于 AC 和 BD 的全透视 CF 和 DF 之间。若 AB 上下端点与真高线的连线为画面垂直线，则 AB 的透视必在两组全透视线的相交处，如图 3-18(b)所示。

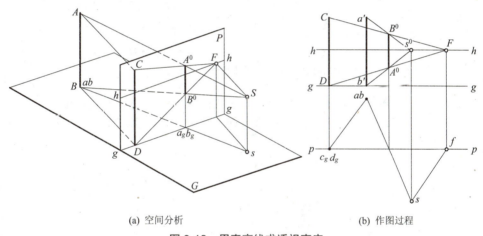

(a) 空间分析　　　　　　　　(b) 作图过程

图 3-18　用真高线求透视高度

在图 3-19(a)中，已知 Aa 的基透视 a^0 及真高 H，可在画面的指定位置作出铅垂线 Aa 的透视，其作图过程可按 3-19(b)中箭头所示步骤完成。在图 3-19(b)中，有两条铅垂线的透视 A^0a^0 和 B^0b^0，它们的基透视 a^0、b^0 与基线的距离相等，这表明空间直线 Aa 和 Bb 与画面的距离相等，而且 A^0a^0 与 B^0b^0 平行，因此 Aa 和 Bb 两线在空间是等高的，其真实高度均等于 H。

根据"空间点平行基线移动，其透视高度不变"的规律，对于需确定多个点的透视高度，可集中用一条真高线定出图中所有的透视高度，如图 3-20 所示。这样的真高线称为集中真高线。

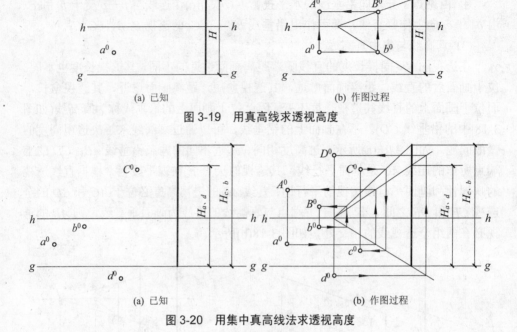

图 3-19　用真高线求透视高度

图 3-20　用集中真高线法求透视高度

集中真高线的概念在求作建筑物的透视高时被广泛应用,尤其在透视中加画人物配景时,只需确定人、物的基透视,即可根据他们的真高求出人、物的透视高度,如图 3-21 所示。

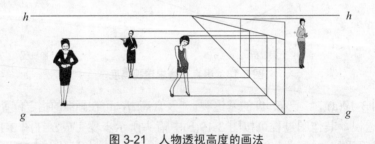

图 3-21　人物透视高度的画法

3.各种位置特殊直线的透视作图

特殊位置直线除前面介绍的画面垂直线和基面垂直线外,还有基面上的线和画面上的线、通过视点的直线、基面投影过站点的直线,等等。请读者自行思考这些直线的透视特点或观看教学光盘中的介绍。

3.2.3 平面的透视

1. 平面透视的特点

平面图形的透视一般来说仍然是平面图形。对平面多边形来说，作其透视图也就是作出构成平面多边形的各条边的透视，或作出平面多边形上各个顶点的透视。

例 3-2 如图 3-22 所示，作位于基面上的矩形 $abcd$ 的透视。

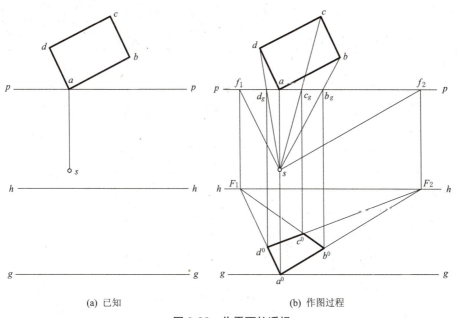

(a) 已知　　　　　　　　(b) 作图过程

图 3-22　作平面的透视

作图

(1) 求灭点。从图 3-22(b)可以看出，平面多边形上有两组互相平行的直线，有两个灭点。过站点 s 分别作 ab 和 ad 的平行线，与 p—p 分别交于点 f_2 和 f_1，由点 f_2 和 f_1 向下作竖直线，与视平线 h—h 相交，其交点 F_2 和 F_1 即为这两组互相平行直线的灭点。

(2) 由站点 s 分别向 b、c、d 等点引视线，与 p—p 交于 b_g、c_g、d_g 等点。

(3) 由点 a 作竖直线与 g—g 交于点 a^0，连 a^0F_1 和 a^0F_2，分别与过 b_g 和 d_g 的垂线交得点 b^0 和点 d^0，再连 d^0F_2 或 b^0F_1，与过 c_g 的铅垂线交得点 c^0，即可作出矩形 $abcd$ 的透视。

2. 画面平行面的透视

画面平行面的透视是一个与原图形相似的平面图形。由于画面平行面上的所有直线都与画面平行，因此作画面平行面的透视时，可以采用求画面平行线透视的作图方法。

例 3-3 如图 3-23 所示，已知矩形 $ABCD$ 与画面平行。AB 边的长度为 L，底边 BC 位于基面上，作矩形 $ABCD$ 的透视。

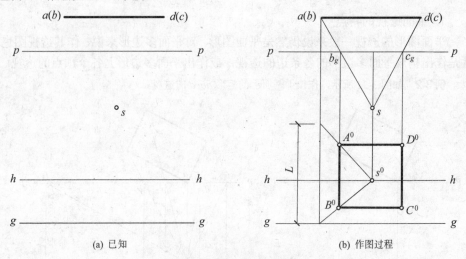

(a) 已知　　　　　　　　　　　(b) 作图过程

图 3-23　作画面平行面的透视

作图

① 作出 AB 边的透视。AB 是铅垂线，作图时，按照前面介绍的求点的透视的方法，分别作出点 A 和点 B 的透视 A^0 和 B^0。

② 由点 A^0 和点 B^0 分别作向右作水平线，与由 $sd(c)$ 与 $p—p$ 的交点 c_g 向下作的竖直线交得点 C^0 和点 D^0。

③ 依次连接点 A^0、B^0、C^0 和 D^0，即为矩形 $ABCD$ 的透视。

3. 画面相交面的透视

1）平面的画面迹线

平面扩大以后与画面的交线称为平面的画面迹线。如图 3-24 所示，空间有一平面 Q，其扩大后与画面的交线为 Q_P，Q_P 即为平面 Q 的画面迹线。

2）平面的灭线

过视点作画面相交面的平行面，该面与画面相交的交线即为画面相交面的灭线。如图 3-24 所示，为求平面 Q 的灭线，由视点 S 作与平面 Q 平行的视线平面，该视线平面与画面的交线 Q_T 即为平面 Q 的灭线。

从图 3-24 可以看出，平面的灭线是一条直线，平面上所有与画面相交的直线的灭点必然在该平面的灭线上，作平面的灭线时，只要作出平面上两条不同方向的直线的灭点并相连，即为该平面的灭线。平面的灭线 Q_T 与平面的画面迹线 Q_P 互相平行。

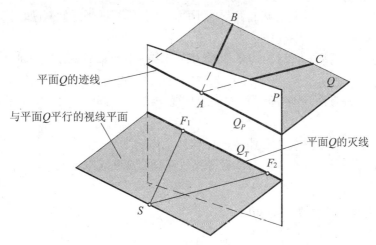

图 3-24 平面的迹线和灭线

图 3-25 为立体的透视图,从图可以看出,斜面 I 上 B^0A^0 的灭点为 F_3,B^0C^0 的灭点为 F_1,其灭线为 F_1F_3;墙面 II 上 B^0A^0 的灭点为 F_3,b^0a^0 的灭点为 F_2,其灭线为 F_2F_3,由于墙面 II 是铅垂面,因此其灭线 F_2F_3 与视平线垂直;同理,墙面 III 的灭线是过 F_1,且与视平线垂直的直线;水平面 $a^0b^0c^0d^0$ 上 b^0c^0 的灭点为 F_1,b^0a^0 的灭点为 F_2,由于 F_1 和 F_2 都在视平线上,因此,水平面 $a^0b^0c^0d^0$ 的灭线为视平线 $h—h$。

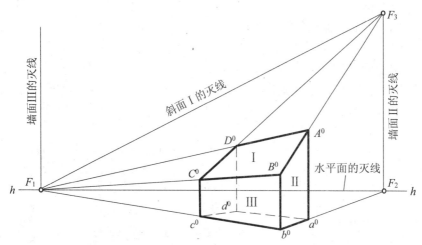

图 3-25 平面的灭线

3) 平面灭线的特征

各种位置平面灭线的特征如下。

① 与画面倾斜，又与基面倾斜的平面，其灭线与视平线倾斜(如图 3-25 中的斜面 I 的灭线)。

② 基面平行面(即水平面)的灭线为视平线(如图 3-25 中的水平面 $a^0b^0c^0d^0$ 的灭线)。

③ 基面垂直面(即铅垂面)的灭线与视平线垂直(如图 3-25 中的墙面 II 和 III 的灭线)。

④ 画面垂直面的灭线必然通过心点 s^0。

⑤ 画面平行面没有灭线，或者说灭线在画面上的无限远处。

3.3 平面立体的透视

3.3.1 透视图的分类

在作平面立体的透视时，随着平面立体与画面的相对位置的不同，所作出的透视图的特点也不同。在平面立体上有长、宽、高三组主向轮廓线，如果主向轮廓线与画面相交，在透视图上就会有灭点；如果主向轮廓线与画面平行，在透视图上就没有灭点。根据透视图上灭点的数量，透视图可分为以下三个类型。

1. 一点透视

如图 3-26 所示，当平面立体的正立面与画面平行时，也就是在平面立体的三组主向轮廓线中，长度和高度方向的轮廓线与画面平行，没有灭点，只有宽度方向的轮廓线与画面垂直，其灭点为心点 s^0。这样作出的透视图称为一点透视。一点透视也称平行透视。一点透视将建筑物的主向立面呈实形或成比例缩小或放大，作图相对简便，因此，一点透视适用于表现室内设计、街心广场或一个主立面形状比较复杂的建筑物的透视作图。

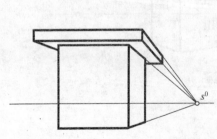
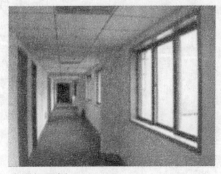

图 3-26　一点透视图例

2. 两点透视

如图 3-27 所示，在平面立体的三组主向轮廓线中，只有高度方向的轮廓线与画面平行，没有灭点，长度和宽度方向的轮廓线与画面都有夹角，这样在画面形成了两个灭点 F_1 和 F_2，这样作出的透视图称为两点透视。两点透视也称成角透视。两点透视表现了两个主向面，虽作图相对复杂，但由于表现效果较好，在建筑设计中应用十分广泛。

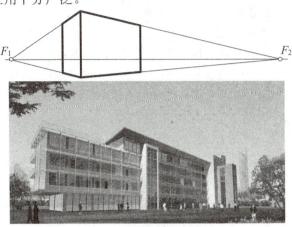

图 3-27　两点透视图例

3. 三点透视

如图 3-28 所示，当画面与基面倾斜时，平面立体的长度、宽度和高度方向的轮廓线与画面都有夹角，这样在画面上透视图就会有三个方向的灭点 F_1、F_2 和 F_3，这种透视图称为三点透视。由于画面与基面倾斜，三点透视也称斜透视。

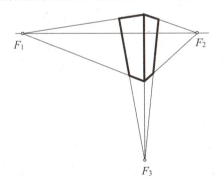

图 3-28　三点透视图例

三点透视常用于高层建筑和特殊视点位置，由于三点透视图失真较大，绘制也较烦琐，一般较少采用。

3.3.2 画面、视点和建筑物间相对位置的确定

为了使透视图能够形象、逼真地反映出建筑物的形状特征,达到最佳的表达效果,在绘制透视图前,必须处理好画面、视点和建筑物的相对位置,即如何确定建筑物立面与画面的夹角大小、站点的位置、视高等。因此,要绘制出效果比较理想的透视图,必须考虑以下几个因素。

1. 人眼的视觉范围

如图 3-29 所示,当人以一只眼睛直视前方,头不转动时,所能看到的范围是一个以人眼为顶点、以中心视线为轴的视锥,视锥与画面的交线是一个椭圆,这个椭圆所包围的区域称为视域。人眼水平视角 α 最大可达 120°~148°,垂直视角 β 为 110°左右。

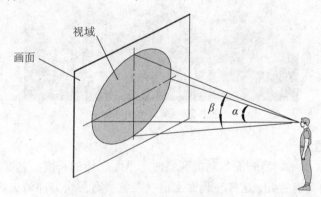

图 3-29 人眼的视觉范围

在人观察某一特定目标时,位于主视线附近的物象十分清晰,其周围的物象越是远离主视线就越模糊不清,因此,人在观察物体时存在一个清晰可辨的视觉范围,理论上,视角在 60°以内清晰可见,30°~40°之间效果最为理想。在某些特殊情况下(如在作室内透视时),视角可大于 60°,但不宜超过 90°。

2. 视点的选择

视点的选择包括确定站点的位置和确定视高。

1) 确定站点的位置

为了真实再现建筑物体的形象,站点应选在观察者可以达到的位置,而且最好是人们经常观看的位置。

(1) 保证视角大小的适宜。

透视图的形象是否逼真与视角的大小有着很大关系。如图 3-30 所示为在站点 s_1 的位置和 s_2 的位置所画出的透视图。从图中可以看出,在站点 s_1 的位置,视角

$α_1$大于60°，两个灭点之间的距离较近，透视图上水平方向的线条收敛急剧，透视图形象严重畸形、失真。而在站点s_2的位置，视角$α_2$约为30°，两个灭点之间相距较远，其透视图上较为宽阔，与视觉印象基本一致，效果良好。

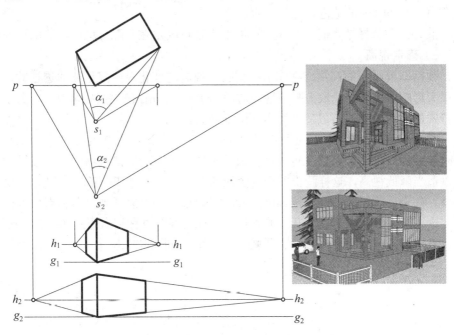

图3-30 保证视角大小的适宜

(2) 视点到画面的距离(视距)和主视线ss_g位置的确定。

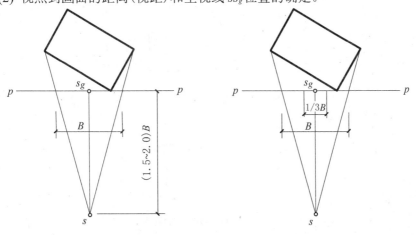

(a) 确定视点到画面的距离(视距)　　　　(b) 确定主视线ss_g位置

图3-31 视点到画面的距离(视距)和主视线ss_g位置的确定

从图 3-31 中可知，由 s 向平面图所作的两条边缘视线与 p-p 有两个交点，两个交点之间的距离即为画幅宽 B，主视线 ss_g 为视点到画面的距离(视距)。在一般情况下，视距 ss_g 的长度取 $(1.5\sim2.0)B$ 为宜。如果把画幅宽 B 分为三等份，主视线 ss_g 取在其中间 1/3 的范围内较为适宜。

此外，在选择站点时，还应尽可能地将站点确定在实际环境许可的范围内。

2）确定视高

视高即视平线的高度。在作透视图时，视高的变化对建筑形体的透视效果有着很大影响。视高一般取人眼与地面的距离 $1.5\sim1.7$ m，但在某些情况下，为了某种特殊的表达效果，可以适当提高或降低视高。

图 3-32 所示为立体在三种不同视高时的透视形象。图 3-32(b)所示为正常视高时的透视效果。如果要获得人站在低处观看位于高处的建筑物的透视效果时，可以适当降低视高，这样画出的透视图能给人以高大、雄伟的感觉，如图 3-32(a)所示。如果要获得人从高处俯视低处的透视效果时，可以适当提高视高，这样画出的透视图能给人以舒展、开阔的感觉，这种透视图也称鸟瞰图，如图 3-32(c)所示。鸟瞰图常被用来表达某一个区域规划设计，如图 3-33 所示。

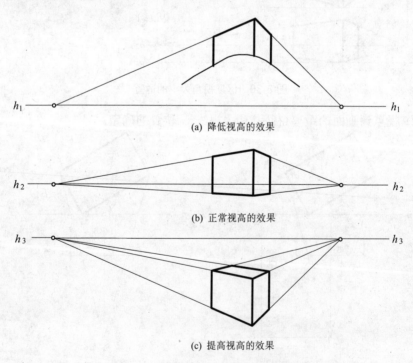

(a) 降低视高的效果

(b) 正常视高的效果

(c) 提高视高的效果

图 3-32　视高的变化对透视效果的影响

图 3-33　鸟瞰图的实例

3. 画面与建筑物的相对位置

1）画面与建筑物主向立面偏角大小对透视效果的影响

图 3-34 所示为画面与建筑物主向立面偏角 θ 的不同大小对透视图形象的影响。从图可以看出，当偏角 θ 为 0° 时，画面与建筑物主向立面重合，作出的透视图为一点透视。当偏角 θ 不为 0° 时，作出的透视图为两点透视。偏角 θ 越小，则透视收敛越平缓，透视图上的立面越宽阔。反之，偏角 θ 越大，则透视收敛

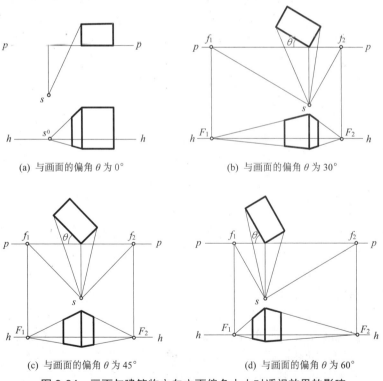

(a) 与画面的偏角 θ 为 0°　　　　(b) 与画面的偏角 θ 为 30°

(c) 与画面的偏角 θ 为 45°　　　　(d) 与画面的偏角 θ 为 60°

图 3-34　画面与建筑物主向立面偏角大小对透视效果的影响

越急剧，透视图上的立面越狭窄。如果偏角 θ 选用得适当，则立面的透视变形实际情况基本相符。

作图时，偏角 θ 大小应根据实际情况和需要来确定。在图 3-34(b)中，偏角 θ 为 30°，透视图的正立面和侧立面的透视变形实际情况基本相符，效果较为理想。在图 3-34(d)中，偏角 θ 为 60°，透视图的侧立面较宽、正立面较窄，在突出表达侧立面时，可以采用这种偏角。在图 3-34(c)中，偏角 θ 为 45°，透视图的正立面和侧立面的宽度基本相同，效果较差，这种角度一般不宜选用。

2）**画面与建筑物的前后相对位置对透视效果的影响**

如图 3-35 所示，当画面位于建筑物的前方时，所作出的透视图为放大透视；当画面位于建筑物的后方时，所作出的透视图为缩小透视。

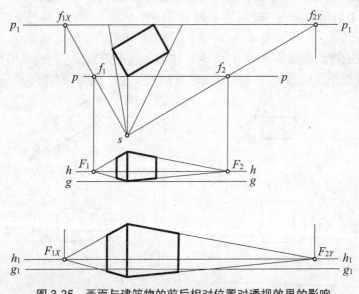

图 3-35　画面与建筑物的前后相对位置对透视效果的影响

作图时，习惯上是将建筑物放置在画面后方，且使画面通过建筑物的墙角线，这样就很容易得到画面迹点和真高，从而给作图带来方便。

3.4　透视基本作图方法

画建筑物的透视图一般分两个步骤：首先，画建筑物平面图的透视图——透视平面图；然后，竖透视高度。在画建筑透视图时，只需将建筑物的主要轮廓在透视平面图中表示出来，在画出可见的建筑主体的透视图后，再画建筑细部和配景。

建筑透视平面图可采用多种方法画出，根据透视投影体系三要素和建筑物本身特点的不同可采用适当的方法画出。以下介绍几种常用绘制透视平面图的方法。

3.4.1 视线法

视线法实际上就是灭点视线迹点法。掌握这种方法要先掌握绘制基面上直线段的透视画法(可参看图 3-11)。作图过程如下：①利用直线的迹点和灭点来确定主向直线的全透视；②借助视线与画面的交点(视线迹点)在基面上的水平投影；③求作直线的透视长度。视线法是作透视图时经常采用的方法，下面介绍几个用视线法作建筑物模型透视图的例子。

1. 两点透视作图举例

例 3-4　如图 3-36 所示，作建筑形体的两点透视图，视点、画面在图中已给定。

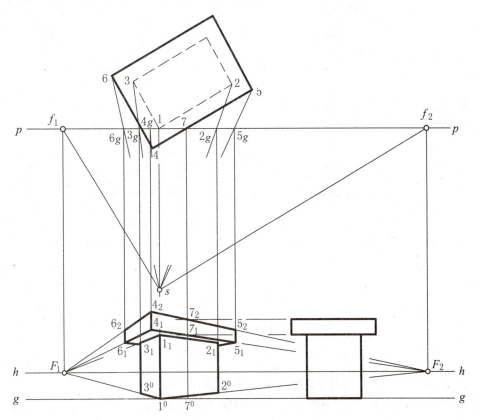

图 3-36　作建筑形体的两点透视图

作图

(1) 按照与例 3-2 相同的方法，作出两个主向线的灭点 F_1 和 F_2。

(2) 由站点 s 分别向 6、3、4、2、5 等点引视线，与 $p—p$ 交于 6_g、3_g、4_g、2_g、5_g 等点。

(3) 点 1 位于画面上，点 1^0 与点 1 重合。连 1^0F_1 和 1^0F_2，分别与过 3_g 和 2_g 的铅垂线交于点 3^0 和点 2^0。由点 1^0 作真高线 1^01_1，再连 1_1F_1 和 1_1F_2，与过点 3^0 和点 2^0 的铅垂线交于点 3_1 和点 2_1，即作出了各墙角的透视。

(4) 在平面图上，屋檐 45 与画面交于点 7。在过点 7^0 的铅垂线上作出该屋檐的画面迹点 7_1 和 7_2。连接 7_1F_2 和 7_2F_2，与过 4_g 和 5_g 的铅垂线交得点 4_1、4_2 和点 5_1、5_2。再连 4_1F_1 和 4_2F_1 与过 6_g 的铅垂线交得点 6_1 和 6_2，即可作出屋顶的透视。

例 3-5 如图 3-37 所示，作出坡屋顶房屋的两点透视图，视点、画面在图中已给定。

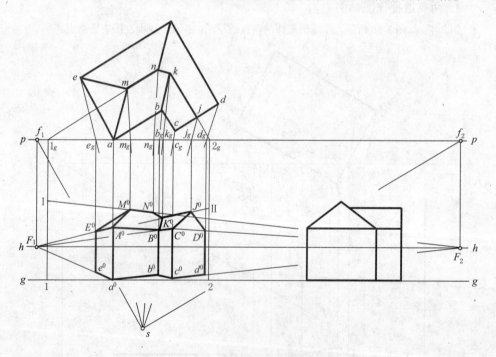

图 3-37 作坡屋顶房屋的两点透视图

作图

(1) 按与上例相同的方法作出两个主向线的灭点 F_1 和 F_2。

(2) 过站点 s，向房屋平面图上的各点引视线，与 $p—p$ 交得 e_g、m_g、n_g、b_g、k_g、c_g、j_g、d_g 等点。

(3) 作出墙的透视。连 a^0F_1 和 a^0F_2，分别与过 e_g 和 b_g 的铅垂线交于点 e^0 和点 b^0，连 b^0F_1 与过 c_g 的铅垂线交于点 c^0，再连 c^0F_2 与过 d_g 的铅垂线交于点 d^0。由真高线 A^0a^0 即可定出各墙角的透视高度，从而作出墙的透视。

(4) 作出屋顶的透视。延长 mn 与 p—p 交于点 1_g，作真高线 1Ⅰ，再连 ⅠF_2，即可作出屋脊 MN 的透视。同理，延长 kj 与 p—p 交于点 2_g，作真高线 2Ⅱ，连 ⅡF_1，即可作屋脊 KJ 的透视。从而作出屋顶的透视。

例 3-6 如图 3-38 所示，作坡屋顶房屋的两点透视图，视点、画面在图中已给定。

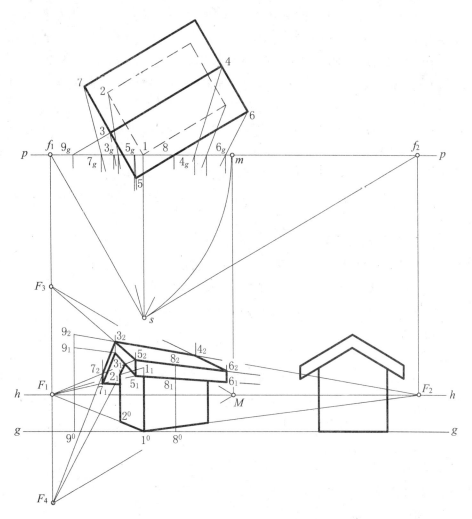

图 3-38 作坡屋顶房屋的两点透视图

作图

(1) 作出两个主向线的灭点 F_1 和 F_2，再按照与图 3-12 相同的方法，作出斜线灭点 F_3 和 F_4。

(2) 按照与例 3-5 相同的方法，作出墙身可见轮廓的透视。

(3) 作出屋顶的透视。

在平面图上由站点 s 分别向 7、3、5、4、6 等点引视线，与 p—p 交于点 7_g、3_g、5_g、4_g、6_g 等。

延长 34 与 p—p 交于点 9_g，作出屋脊的真高线 $9^0 9_2$，并根据屋檐的厚度在 $9^0 9_2$ 上作出点 9_1，分别连 $9_2 F_2$ 和 $9_1 F_2$，与过 3_g 的铅垂线交得点 3_2 和 3_1，与过 4_g 的铅垂线交得点 4_2；屋檐 56 与画面交于点 8，在过点 8^0 的铅垂线上作出该屋檐的画面迹点 8_1 和 8_2。连接 $8_1 F_2$ 和 $8_2 F_2$，分别与过 5_g 和 6_g 的铅垂线交得点 5_1、5_2 和点 6_1、6_2；再分别连 $5_1 F_1$ 和 $5_2 F_1$ 与过 7_g 的铅垂线交得点 7_1、7_2，根据这些透视点，即可作出屋顶的透视。

对于屋顶上斜线的透视，如 $3_1 5_1$、$3_2 5_2$、$3_1 7_1$、$3_2 7_2$ 也可以利用斜线灭点 F_3 和 F_4 作出。

(4) 作出墙身与屋顶底部可见交线的透视。

墙角 $1^0 1_1$ 位于画面上，反映真高，点 1_1 点是墙角 $1^0 1_1$ 与屋顶底部的交点。连 $1_1 F_1$ 和与墙角 $2^0 2_1$ 交得点 2_1，再连 $F_4 2_1$ 并延长，即可作出墙身与屋顶底部可见交线的透视，从而完成全图。

2. 一点透视作图举例

例 3-7 如图 3-39 所示，作出室内一点透视图，视点、画面在图中已给定。

分析 由平面图和立面图可看出，房间的横向和竖向的直线与画面平行，没有灭点。只有纵向直线与画面垂直，有灭点，所以作出的透视图为一点透视。

作图

(1) 作出纵向直线的灭点 s^0。

(2) 作房间的透视。房间的左侧墙与画面的交线 $A^0 B^0$ 和右侧墙与画面的交线 $D^0 C^0$ 是画面上的铅垂线，反映房间的真高。连 $s^0 A^0$ 和 $s^0 B^0$，过站点 s 向 2(1) 引视线，可求得墙角 12 的透视 $1^0 2^0$。再由点 1^0 和 2^0 作水平线，分别与 $s^0 D^0$ 和 $s^0 C^0$ 相交，即为墙角 $3^0 4^0$ 的透视。

(3) 作床的透视。床与左侧墙相交，在真高线 $A^0 B^0$ 上截取床的高度 $A^0 E^0$，连 $S^0 E^0$，由站点 s 分别向点 k 和点 5 引视线，作出点 K^0、L^0 和 5^0，再由点 K^0、L^0 和 5^0 向右作水平线，并由站点 s 分别向点 n 和点 6 引视线，从而作出 $N^0 M^0$ 和 $6^0 7^0$，即可作出床的透视。

(4) 用同样的方法作出窗的透视。

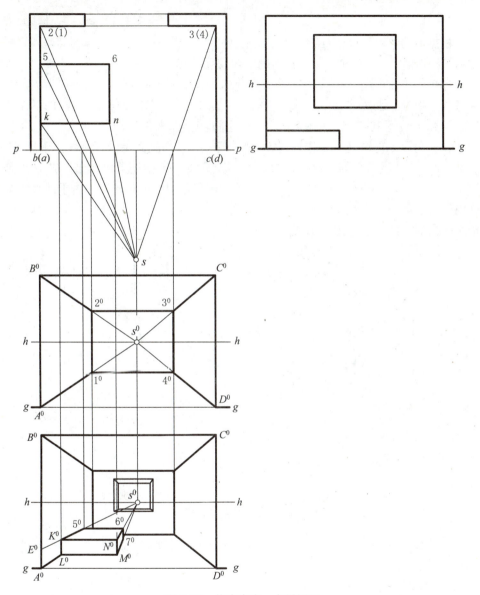

图 3-39　作出室内一点透视图

3.4.2 量点法和距点法

1. 量点法

量点是指辅助线的灭点(辅助灭点)，具有可量性。量点法是指利用量点直接根据建筑平面图各线段真长作透视平面图的方法。

1) 基本原理

根据点的透视为过该点的两条直线全透视的交点，这一特点，求过直线段两端点两条特殊辅助直线的全透视，进而确定直线透视长度。

如图 3-40(a)所示，在基面上有直线 AB，AB 的画面迹点为 T，灭点为 F。TF 为直线 AB 的全透视，AB 的透视 A^0B^0 必在 TF 上。为了求点 A 的透视 A^0，可作辅助线 AA_1（A_1 位于基线上，是辅助线 AA_1 的画面迹点），并使 TA_1 等于 TA，A_1TA 成为等腰三角形。再过视点 S 作视线 SM 平行于 AA_1，与画面上的视平线交于点 M，点 M 即为辅助线 AA_1 的灭点，称为量点。从图 3-40(a)中还可以看出，SFM 也是等腰三角形，SF 与 MF 相等。连线 A_1M 即为辅助线 AA_1 的全透视。由于两直线全透视的交点就是两直线交点的透视，因此，TF 与 A_1M 的交点 A^0 即为点 A 的透视。按照同样的方法，可作出点 B 的透视 B^0。

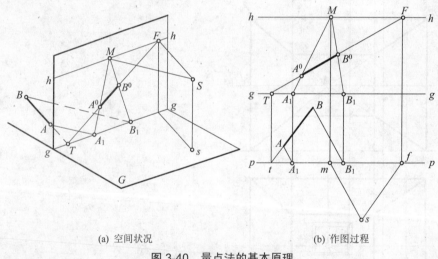

(a) 空间状况　　　　　　(b) 作图过程

图 3-40　量点法的基本原理

图 3-40(b)所示为用量点法作基面的直线 AB 的透视的作图过程。其作图过程如下。

(1) 作出直线 AB 的全透视。

延长 AB，与 p—p 交于点 t，并由点 t 作竖直线与基线 g—g 交得点 T；再由过 s 作 sf 平行于 AB，与 p—p 交于点 f，并由点 f 作竖直线与视平线 h—h 交得点 F。连线 TF 即为直线 AB 的全透视。

(2) 作出直线 AB 的量点。

以 f 为圆心、fs 为半径作圆弧，与 p—p 交于点 m，再由点 m 作竖直线与视平线 h—h 交得 AB 的量点 M。

(3) 作出直线 AB 的透视。

在基线 $g—g$ 上由点 T 向右截取 $TA_1=TA$，连线 A_1M 与 TF 交得点 A^0；再在基线 $g—g$ 上由点 T 向右截取 $TB_1=TB$，连线 B_1M 与 TF 交得点 B^0，A^0B^0 即为直线 AB 的透视。

用量点法作图的优点：①作图图线简明清晰，当建筑平面较为复杂时，可省略大量基面视线，从而提高作图的精确度，加快作图速度；②在平面上作图时，只要在基线上量取相应线段的实长如 $TA_1=TA$、$TB_1=TB$、$FM=fs$，而不必画其他相关辅助线；③可按图面大小，选取任意合适的比例，直接在画面上作图。

用量点法作图的缺点：①量线和消失线同时出现，容易混淆；②作图原理不如视线法易理解。

2）**作图举例**

例 3-8　如图 3-41 所示，用量点法作建筑物的两点透视图，视点、画面在图中已给定。

作图

(1) 按图 3-41 中的方法，作出两个主向灭点 F_1 和 F_2，F_1 方向的量点 M_1 和 F_2 方向的量点 M_2。

(2) 将基线 $g—g$ 下移到 $g_1—g_1$ 的位置。

如果在选定的画面上，视平线 $h—h$ 与基线 $g—g$ 间的距离较小，用量点法作图时，就会使图线互相拥挤在一起，难以确定交点。因此，在作图时为了使图线间交点的位置清晰、准确，常将基线 $g—g$ 降低或升高一个适当的距离。无论是降低还是升高基线，各个透视平面图上相应的顶点都应在同一条铅垂线上。

在本例中是将基线 $g—g$ 下移到 $g_1—g_1$ 的位置来作平面图。

(3) 作平面图的透视。

首先，点 a 位于画面上，连 a^0F_2，根据平面图上 ab 和 ak 的长度，在 $g_1—g_1$ 上由点 a^0 向右量得点 b_1 和点 k_1，分别连 b_1M_2 和 k_1M_2 与 a^0F_2 相交，即得到点 b 和点 k 的透视 b^0 和 k^0。

其次，延长 cd 与 $p—p$ 交于点 t，由点 t 作铅垂线与 $g_1—g_1$ 交于点 t^0，连 t^0F_2，再分别连 b^0F_1 和 k^0F_1，延长后分别与 t^0F_2 相交，即得到点 c 和点 d 的透视 c^0 和 d^0。

再次，连 a^0F_1 并根据平面图上 aj 的长度，在 $g_1—g_1$ 上由 a^0 向左量得点 j_1，再连 j_1M_1 与 a^0F_1 相交，即得到点 j 的透视 j^0。

最后，连线 j^0F_2 分别与 b^0F_1 和 k^0F_1 相交，即可得到点 n 和点 e 的透视 n^0 和 e^0。依次连接各点的透视，即为平面图的透视。

(4) 作出墙身的透视。

由于点 a^0 在 $g_1—g_1$ 上，表明点 A 所在的墙角位于画面上，透视反映其真实高度。因此，由点 a^0 向上作铅垂线，与 $g—g$ 交于点 A^0，并由点 A^0 量取墙角的真高，即可作出透视墙角透视 A^0A_1。将点 A^0、A_1 分别与灭点 F_1 和 F_2 相连，并由点 j^0、b^0 向上作竖直线，即可作出左边墙身的透视。

对于右边墙身，点 t^0 在 $g_1—g_1$ 上，由点 T^0 向上作竖直线，作出右边墙身的真高线 T^0T_1，再利用灭点 F_1 和 F_2，并由点 c^0、d^0、n^0 向上作竖直线，即可作出右边墙身的透视。

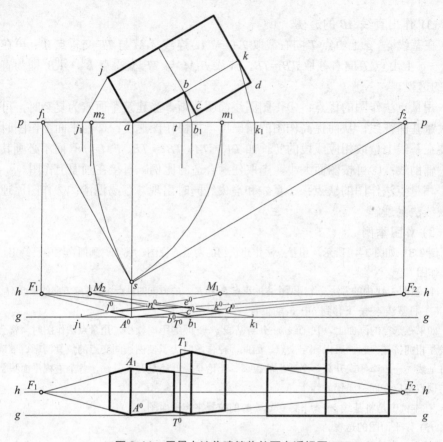

图 3-41　用量点法作建筑物的两点透视图

在两点透视中,用量点法作透视地网格较为快捷,在3.6.3节中还将详细介绍。

2. 距点法

距点法是量点法的一个特殊情况。如图 3-42(a)所示,在基面上有一垂直于画面的直线 AB,AB 的灭点为 s^0,迹点为 T,其透视方向为 Ts^0。分别由点 A 和点 B 作与画面夹角为 45°的同方向辅助线 AA_1 和 BB_1,与基线 $g—g$ 交于点 A_1 和点 B_1。再过点 S 作辅助线 AA_1 和 BB_1 的平行线 SD,与视平线交于点 D,点 D 即为辅助线的灭点。连 A_1D、B_1D 与 Ts^0 相交,即可作出直线 AB 的透视 A^0B^0。

从图 3-42(a)中可以看出,由于辅助线与画面的夹角为 45°、$TA_1=TA$、$TB_1=TB$,因此在确定辅助线的画面迹点 A_1、B_1 的位置时,可以根据 A、B 两点与画面的距离在基线 $g—g$ 上直接量取。从图 3-42(a)中还可以看出,SD 与画面夹角也是 45°,点 D 到心点 s^0 的距离等于视点 S 到画面的距离,由此点 D 称为距点。在作图时,由于 45°辅助线可右斜,也可左斜,故可以有两个距点。它们的作用相同。作图时根据画面需要任选其一即可。图 3-42(b)所示为在投影图上用距点法作与画面垂直的直线 AB 的透视的作图过程。

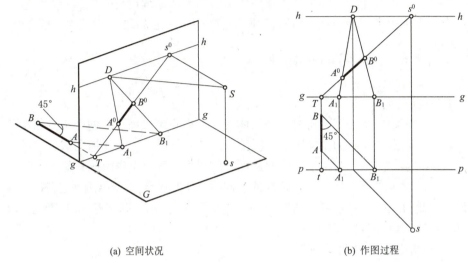

(a) 空间状况　　　　　　　　　　　　　　(b) 作图过程

图 3-42　距点法的基本原理

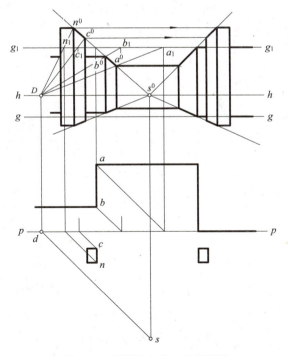

图 3-43　用距点法作一点透视图

在建筑物的一点透视图上,由于只有与画面垂直的一组直线有灭点 s^0,因此在作建筑物的一点透视时,可采用距点法来作图。图 3-43 所示为用距点法作一点透视图的例子,其作图过程读者可按照距点法的基本原理自行分析。

在一点透视中,用距点法作透视地网格较为快捷,在 3.6.2 节中还将详细介绍。

3.4.3 透视平面图的辅助画法

1. 辅助灭点法

绘制建筑物的透视图,有时会因形体较大、视点离画面远、两个灭点相距较大,甚至与画面夹角小的主向灭点会跃出当前的画面外,使求作通向该灭点的全透视直线时遇到困难,为求主向线的透视,可利用辅助灭点作图或其他画法。

如图 3-44(a)所示,当平面 $ABCD$ 的主向线 AD 的灭点 F_1 跃出画面之外时,为求该主向线 AD 的透视,可作辅助线——画面垂直线 DE,以求点 D 的透视来求 AD 的透视,其作图过程如下。

1)利用心点 s^0 作为辅助灭点

过点 D 作辅助线——画面垂直线 DE,该垂直线 DE 灭点为心点 s^0,求得 DE 的全透视 $e^0 s^0$,以过点 D 的视线与画面的交点求得点 D 的透视点 D^0,进而求得主向线 AD 的透视 A^0D^0,如图 3-44(b)所示。

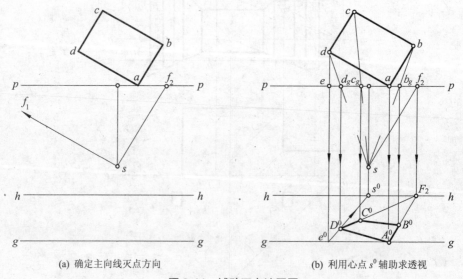

(a) 确定主向线灭点方向　　　　(b) 利用心点 s^0 辅助求透视

图 3-44　辅助灭点法画图

2) 求另一主向线 AB 的灭点

由所求得的灭点 F_2 作出主向线 AB 的全透视 A^0F^0，以过点 B 的视线与画面的交点求得点 B 的透视点 B^0，进而求得主向线 AB 的透视 A^0B^0，如图 3-44(b)所示。

3) 完成平面 ABCD 的透视

因主向线 AB 与 DC 平行，过点 D 的透视点 D^0 与灭点 F_2 作连线，以过点 C 的视线与画面的交点求得点 C 的透视点 C^0，进而求得主向线 DC 和 BC 的透视 D^0C^0 和 B^0C^0，如图 3-44(b)所示。

如图 3-45 所示，是利用主向线 DC 的延长线与画面的交点，求平面 ABCD 的透视作图过程。

例 3-9 如图 3-46(a)所示，作形体的两点透视图，视点、画面在图中已给定。

作图

(1) 作透视平面图。

由主向线 ac 求得其灭点 f_2，在画面上将点 a 与灭点 F_2 连接；过点 j 作辅助线——画面垂直线 jk，该垂直线 jk 灭点为心点 s^0，求得 jk 的全透视 j^0k^0，以过点 a、b、c、d、e、j 的视线与画面的交点求得点 a、b、c、d、e、j 的透视点 a^0、b^0、c^0、d^0、e^0、j^0，进而求得基面 abcdej 的透视 $a^0b^0c^0d^0e^0j^0$，如图 3-46(b)所示。

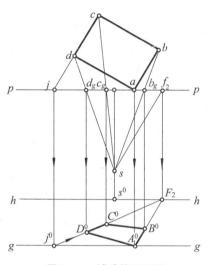

图 3-45 辅助线法画图

(2) 竖高度。

过透视平面图上的各点 $a^0b^0c^0d^0e^0j^0$ 分别作竖直线；由已知形体的高度与画面真高线分别求得点 A、B、C、D、E、J 的透视 A^0、B^0、C^0、D^0、E^0、J^0，如图 3-46(c)所示。

(3) 完成作图。

2. 任意基面法

任意基面法主要应用于较准确地作透视平面图的辅助作图。

只要空间形体、画面和视点的位置不变(三要素确定)，透视结果一定。但在选定的画面上，当视平线 h—h 与基线 g—g 间的距离较小，作图时就会造成图线互相拥挤在一起，难以确定交点，如图 3-41 透视平面图的作图。因此，在作图时为了使图线间交点的位置清晰、准确，常将基线 g—g 降低或升高一个适当的距离。基面的上下位置不同，只影响基透视、透视高度而不影响透视的垂直位置和结果，因此无论是降低还是升高基线，各个透视平面图上相应的顶点都应在同一条铅垂线上，如图 3-47 所示。

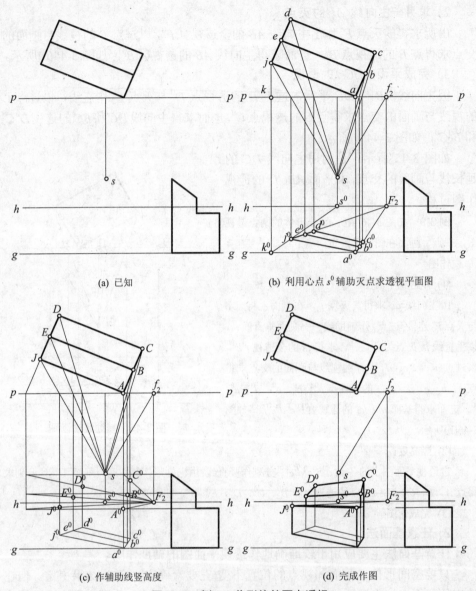

图 3-46 例 3-9 作形体的两点透视

任意一个基面都与三要素组成一个新的透视体系。在完成透视平面图时的辅助作图后应返回到原透视体系中。

例 3-10 将例 3-9 用下降基面法作透视平面图。

作图

作图过程如图 3-48 所示。

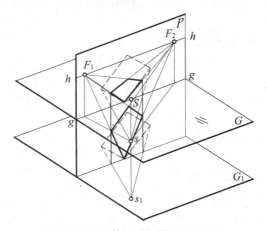

图 3-47　不同基面透视平面图的对比

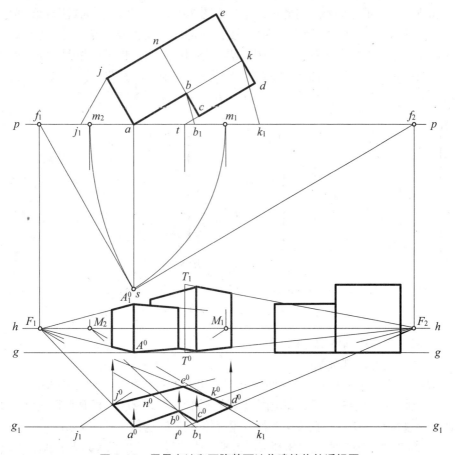

图 3-48　用量点法和下降基面法作建筑物的透视图

3.5 建筑细部的透视分割

在作出建筑物的主向可见轮廓的透视以后，进一步作建筑细部的透视时，为了简化作图过程，可采用分割直线和平面的作图方法来完成。

3.5.1 直线的透视分割

1. 画面平行线的透视分割

画面上直线的透视为自身，可直接作定比分割；画面外的画面平行线，其透视的方向不变，长度变化，但直线上各线段长度之比，在透视中保持不变。利用这个特征，可在画面平行线的透视上，应用比例不变的性质作出直线各段透视的分割。

铅垂线是画面平行线，因此可以直接用图 3-49 所示的定比的方法对铅垂线进行透视分割，图 3-49(a)所示为已知铅垂线 AB 的真高及各分割点，图 3-49(b)为对铅垂线 AB 进行透视定比分割的作图方法。分割铅垂线，也可以用图 3-49(c)的方法，将 AB 放到 A^0B^0 旁边的适当位置，分别连线 AA^0 和 BB^0，延长后交于点 F，再将 AB 上的各点与点 F 相连，即可在 A^0B^0 上作出各分割点的透视。

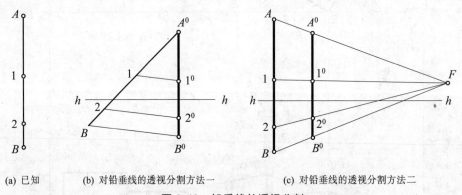

(a) 已知　　(b) 对铅垂线的透视分割方法一　　(c) 对铅垂线的透视分割方法二

图 3-49　铅垂线的透视分割

2. 画面相交线的透视分割

1）水平线的透视分割

画面相交线的透视分割只能间接分割。如图 3-50(a)所示，如要求作基面上直线 AB 分割点 C 的透视，可先在空间过端点 B 作一任意长度的画面平行线 BD，用分比法连端点 AD 后，在 BD 上得到相应等分点 E，并作出直线 AB 和 BD 的透视 A^0B^0 和 B^0D^0，根据直线 AD 和 CE 为平行线的特点，它们有共同的灭点 I，分割点 C 的透视 C^0 则在直线 AB 和 CE 全透视的交点处，在透视图上对画面相交线的分割如图 3-50(b)所示。由于画面平行线 BD 为任意长度，为作图简便，可将直线 BD 的透视 B^0D^0 设计成等分要求的实际长度。

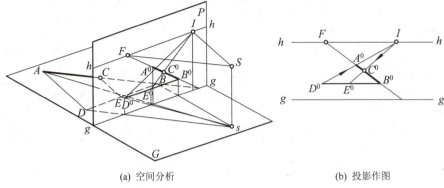

(a) 空间分析　　　　　　　　　　　　(b) 投影作图

图 3-50　直线分割的几何原理

例 3-11　如图 3-51(a)所示，已知直线 AB 的透视 A^0B^0，将 A^0B^0 五等分。

作图如图 3-51(b)所示：①由点 B 的透视 B^0 任作一条视平线平行线 B^05，将 B^05 五等分；②过等分点 5 与 A^0 作连线，得灭点 M；③分别过等分点 1、2、3、4 与灭点 M 作连线；④完成作图。

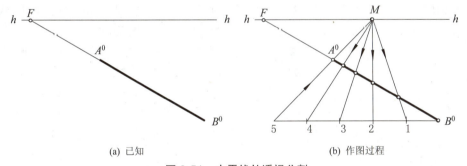

(a) 已知　　　　　　　　　　　　(b) 作图过程

图 3-51　水平线的透视分割

例 3-12　如图 3-52(a)所示，已知直线 AF 的透视 A^0F，要求将 A^0F 按实长的透视为 A^0B^0 的长度进行等分。

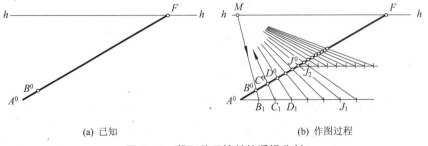

(a) 已知　　　　　　　　　　　　(b) 作图过程

图 3-52　截取若干等长的透视分割

分析

A^0F 为一水平线的全透视，欲在其上连续截取实长的透视为 A^0B^0 的若干等份，为避免一次截取的辅助线过长的麻烦，可分若干次截取。

作图

①在视平线上任取一点 M；②过 A^0 作一水平线，连接 MB^0 延长与水平线相交于 B_1；③以 A^0B_1 为单位长度，将水平线分为若干等份，如 B_1C_1、C_1D_1 等；④将这些等分点分别与点 M 连接，与 A^0F^0 分别交于分割点 C^0、D^0、…、J^0；⑤自 J^0 继续向右重复前各步骤等分(可以缩小作图范围)；⑥完成作图。

2) 一般位置直线的透视分割

例 3-13 如图 3-53(a)所示，已知直线的透视 A^0B^0 和基透视 a^0b^0，要求将 A^0B^0 的透视分为两等份。

作图

方法一：①将线段的基透视 a^0b^0 按前面介绍的方法进行分段，得分段点 c^0；②由直线的透视与基透视间的关系，过分段点 c^0 作垂线，与线段的透视 A^0B^0 相交，得分割点 C^0，完成作图。

方法二：①过一般位置直线的灭点作一任意方向线段 F_1F_2，作为直线 AB 所在平面的灭线方向；②自点 A^0 引直线平行于灭线 F_1F_2(直线 AB 所在平面上一条画面平行线的透视)；③将该线段用分比法进行分段，得分割点 C_1、B_1；④过点 B_1 作点 B^0 的连线并延长至任意方向线段 F_1F_2 交于点 F_2；⑤连线 F_2C_1 与透视 A^0B^0 相交，得分割点 C^0；⑥完成作图。

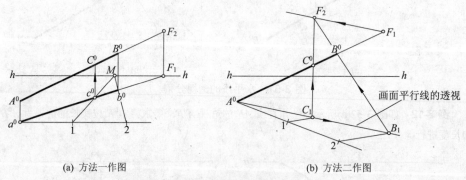

(a) 方法一作图　　　　　　(b) 方法二作图

图 3-53　对一般位置直线的透视分割

题后思考：A^0B_1 为什么是画面平行线？

3.5.2 矩形的透视分割

1. 将矩形分为两等份

利用对角线可以对矩形进行二等分。如图 3-54(a)所示为铅垂矩形的透视

$A^0B^0C^0D^0$，分别连对角线 A^0C^0 和 B^0D^0，相交点 1^0。由点 1^0 作铅垂线即可将 $A^0B^0\ C^0D^0$ 分为左右两等份；将点 1^0 与灭点 F 相连，即可将 $A^0B^0C^0D^0$ 分为上下两等份。

图 3-54(b)所示为水平矩形的透视 $A^0B^0C^0D^0$，与图 3-54(a)一样，只要作出其对角线的交点 1^0，再利用灭点 F_1 或 F_2，即可将 $A^0B^0\ C^0D^0$ 分为两等份。按同样的方法，还可以将矩形继续进行等分。

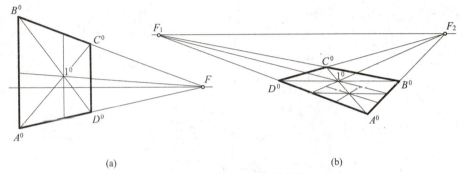

图 3-54　将矩形分为两等份

2. 将矩形分为若干等份或按比例分割

图 3-55 所示为将铅垂矩形的透视 $A^0B^0\ C^0D^0$ 分为三等份的作图过程。作图时利用对角线将横向分割转为竖向分割，其作图过程如下。

在 A^0B^0 上由 A^0 向上截取间距相等的三个点 1、2、3 对矩形进行横向分割；连接 $1F$、$2F$、$3F$ 与矩形 A^034D^0 的对角线 $3D^0$ 交于 5、6，再过 5、6 分别作铅垂线将矩形按比例进行竖向分割，即可将矩形分割为三个全等的矩形。

图 3-56 所示为将铅垂矩形的透视 $A^0B^0C^0D^0$ 分为宽度比为 3∶1∶2 的三个矩形的作图过程。作图时先在 A^0B^0 上由 A^0 向上截取长度比为 3∶1∶2 的三段，后面的作图与图 3-55 相同。

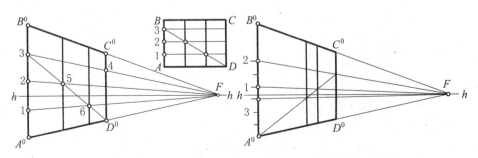

图 3-55　将矩形分为三等份　　　　图 3-56　将矩形分为宽度比为 3∶1∶2

3. 矩形平面的延续

1）作延续等大的矩形

如图 3-57 所示，根据已知的铅垂矩形 $A^0B^0C^0D^0$，用矩形的一个顶点与一个垂直边中点的连线的延长线，可延续地作若干个等大矩形。作图时首先作出 A^0B^0 的中点 1^0，连 1^0F，与 C^0D^0 交于点 2^0，再连 A^02^0 与 B^0F 交于点 K^0，并由点 K^0 向下作铅垂线交 A^0F 于 J^0，$D^0C^0K^0J^0$ 即为第二个矩形。按照同样的方法可以延续地作出一系列等大的矩形。

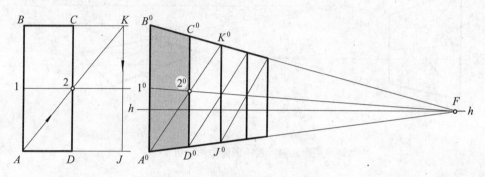

图 3-57 作延续等大的矩形

2）作对称图形

如图 3-58 所示，已知的铅垂矩形 $A^0B^0C^0D^0$ 和 $C^0D^0E^0J^0$，作出与 ABCD 相对称于 CDEJ 的矩形 EJKL 的透视。作图时首先作出 $C^0D^0E^0J^0$ 对角线的交点 1^0，连 A^01^0 与 B^0J^0 的延长线交于点 K^0，由点 K^0 向下作铅垂线交 A^0F 于 L^0，即可作出 $A^0B^0C^0D^0$ 的对称矩形 $E^0J^0K^0L^0$。

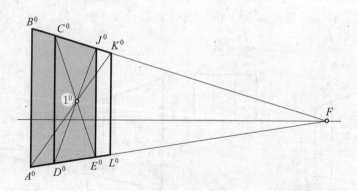

图 3-58 作对称图形

如果要继续作铅垂矩形 $A^0B^0C^0D^0$ 和 $C^0D^0E^0J^0$ 的对称图形，可按图3-59所示的方法。首先作出矩形的水平中线，即连接 1^0F，与 E^0J^0 和 K^0L^0 分别交于点 2^0 和 3^0，连接 A^02^0 和 D^03^0，分别与 B^0K^0 交于点 M^0 和 N^0，再向下作铅垂线 M^0T^0 和 N^0R^0，即得到所求的对称图形。

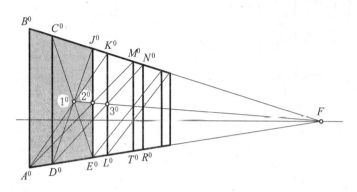

图 3-59　继续作对称图形

作延续等大的矩形扩展在透视图中的应用实例，如图3-60所示。

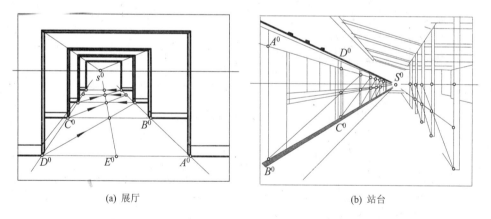

(a) 展厅　　　　　　　　　　　　　(b) 站台

图 3-60　延续等大的矩形扩展在透视图中的应用实例

3.5.3　建筑细部的透视画法举例

如图 3-61(a)所示，已知建筑物轮廓的透视，根据立面图作出其细部的透视。其作图过程如图 3-61(b)所示。首先按照分割水平线的方法，由点 A^0 作一水平线 A^0B_1，并根据立面图上所给的门窗及门窗间的宽度尺寸，在水平线上截取一系列相应的点；连 B_1B^0，并延长与视平线 $h—h$ 交于点 M，然后将点 M 分别与水平线

A^0B_1 上的一系列相应的点相连,与 A^0B^0 相交,再由各交点向下引铅垂线,即为门窗左右边线的透视位置。

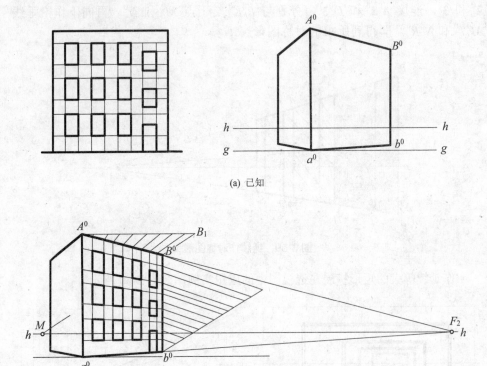

图 3-61 建筑细部的透视画法举例

墙角 A^0a^0 位于画面上,反映真高。作图时,可直接在 A^0a^0 上定出各门窗的高度,再将在 A^0a^0 上定出的各点与右灭点 F_2 相连,即可定出各门窗上下边线的透视位置。如果灭点在图纸以外,可以按照分割铅垂线的方法,在 B^0b^0 上定出各门窗的透视高度,再将 B^0b^0 上定出的各点与 A^0a^0 上相应的各点相连,也可定出各门窗上下边线的透视位置,从而作出建筑细部的透视。

3.6 网格法

当建筑物的平面图形复杂或不规则、有曲线或分散时,常采用网格法绘制透视图。网格法即利用在平面图形上加画方格网来作形体的主要轮廓的透视的方法。

网格法作图过程:①在建筑物平面图或总平面图上画出以边长为某一单位长

度的正方形网格；②作出网格的透视；③按平面图形在方格网中的位置，将平面图上建筑物各角点移植到网格透视图的相应位置上，完成透视平面图；④利用真高线法，竖建筑物各角点的透视的高度，即得建筑物或建筑群的透视。

常用的方格网有三种形式：①绘制建筑物室外轮廓用的方格网；②绘制建筑物室内轮廓透视用的方格网；③绘制建筑群轮廓透视用的方格网。如图 3-62 所示。

(a) 建筑物室外轮廓　　　(b) 建筑物室内轮廓　　　(c) 建筑群轮廓

图 3-62　方格网的三种形式

以上三种形式的网格，每种又可分为一点透视方格网和两点透视方格网两种。

3.6.1　鸟瞰图视高、视距、俯视角的关系

网格法是一种比较实用的方法，它特别适用于绘制视点高于建筑物的透视图——鸟瞰透视图或平面形状不规则的建筑物透视图；在室内设计中画平面布置透视效果图时，也经常用到网格法。画鸟瞰图时，为使透视图不失真，视高 H、视距 D、俯视角 ϕ 应保持一定关系，如图 3-63 所示。

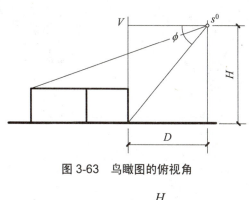

图 3-63　鸟瞰图的俯视角

因　　　　　　　　　　$\tan \phi = \dfrac{H}{D}$

所以　　　　　　　　　$H = D \tan \phi$

当 $\phi=30°$ 时，$H=0.58D$；当 $\phi=45°$ 时，$H=D$；当 $\phi=60°$ 时，$H=1.73D$。作图时取 $H=0.6D$，表达效果较好。俯视角 ϕ 一般不宜大于 $30°$。

3.6.2 网格法在一点透视中的应用

当建筑物轮廓线不规则或一组建筑物总平画图的房屋方向、道路布置也不规则时，一般采用一点透视网格，即一组方向的网格线平行于画面，另一组方向的网格线垂直于画面。

例 3-14 如图 3-64 所示，完成某高校大门的一点透视图。

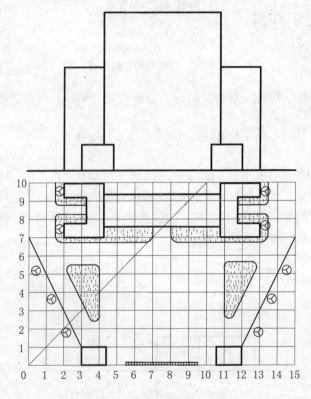

图 3-64 某高校大门平、立面图

作图

(1) 网格线选择平行于建筑物的主向，画面迹线重合于最前面的横格线，在平面图上画上方格网，在方格网的两组方向上分别编号，如 0、1、2、3、4、5、6、7、8、9、10 等点。

(2) 确定视距，视高选择 0.6 倍左右的视距，心点 s^0 确定在画宽的中间 1/3 区域偏左一点处,如图 3-65 所示,在基线 g—g 上,按已选定的方格网的宽度(可放大一定倍数)确定点 0~15,即得垂直于画面网格线的迹点。

(3) 根据选定的视距 ss_g,在心点的一侧,确定距点 D——正方形网格的对角线的灭点的位置。作对角线的全透视,将点 0~15 与心点 s^0 连接,得垂直于画面网格线的透视。

(4) 由对角线的全透视与垂直于画面网格线的透视的交点分别作基线 g—g 的平行线,即为平行于画面网格线的透视,至此完成方格网的一点透视(见图 3-65)。

(5) 根据建筑平面图中建筑物及道路在方格网上的位置,将它们分别移植到透视网格中的相应位置,即得建筑物的透视平面图(见图 3-65)。

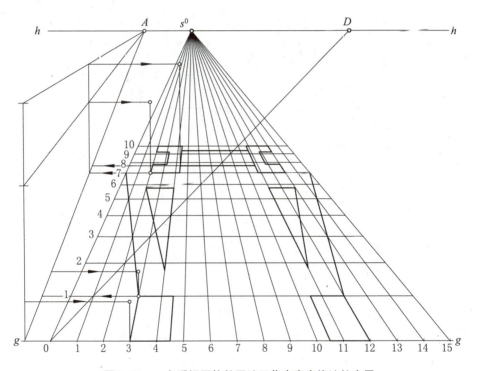

图 3-65 一点透视网格的画法及集中真高线法的应用

(6) 过建筑物透视平面的各个角点向上竖高度,并利用集中真高线法完成建筑物各墙角线高度的透视。用集中真高线法作图步骤如下:①在基线的一端竖一高度线,并将各墙角线的高度分别量出;②将透视平面上各角点基透视平移至集中真高线上,得到各墙角的透视高度后,平移到由各个角点向上竖的高度线上,即得所求墙角线的透视高度(见图 3-65)。

(7) 完成建筑物的一点透视图(见图 3-66)。

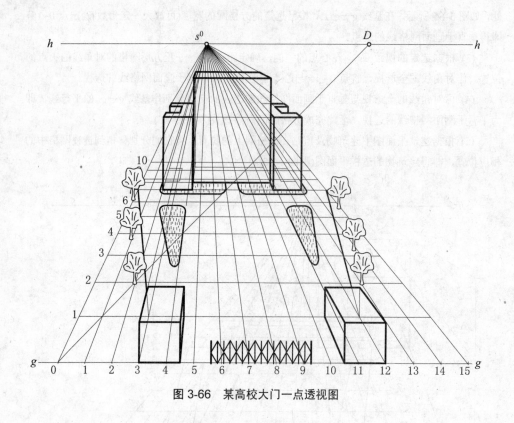

图 3-66 某高校大门一点透视图

3.6.3 网格法在两点透视中的应用

当建筑物主要轮廓线较规则或一组建筑物总平面的房屋方向、道路布置也比较规则时,可采用两点透视网格,即两组方向的格线都与画面倾斜相交。

例 3-15 如图 3-67 所示,完成某住宅小区的两点透视图。

作图

(1) 在已知平面图上画正方网格,网格线平行于主要轮廓线,并使主要轮廓线与网格线重合(见图 3-67)。

(2) 由选定的画面及站点作出该建筑群主向线的两灭点和两量点(见图 3-67 和图 3-68)。

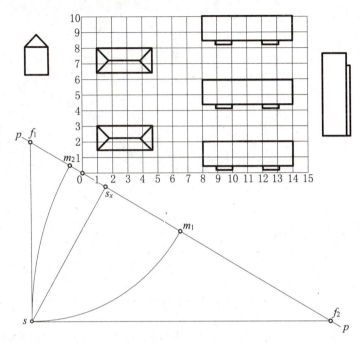

图 3-67　某住宅小区的总平面示意图及灭点与量点的作图

(3) 由量点对网格边线进行分割(见图 3-68)。

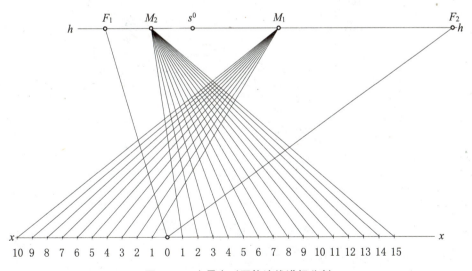

图 3-68　由量点对网格边线进行分割

(4) 画网格的两点透视(见图3-69)。

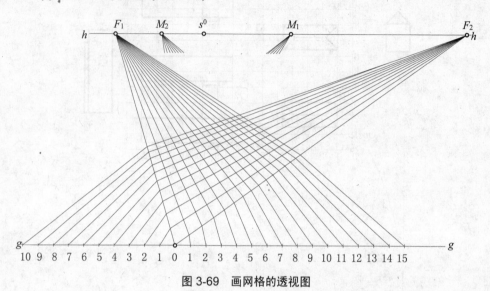

图3-69 画网格的透视图

(5) 把平面图绘制到相应的网格透视图上,即得建筑物的透视平面图(见图3-70)。

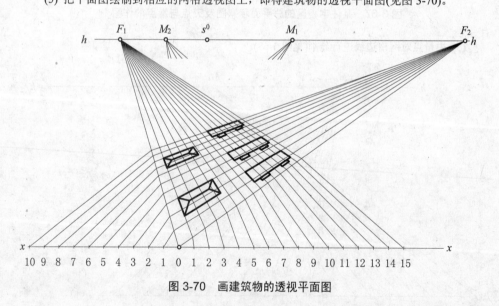

图3-70 画建筑物的透视平面图

(6) 竖高度,作形体的透视图。

除可运用集中真高线法竖建筑物各部位的高度外,还可利用网格线迹点竖建筑物各部位的高度(见图3-71)。

(7) 完成住宅小区的两点透视图(见图 3-71)。

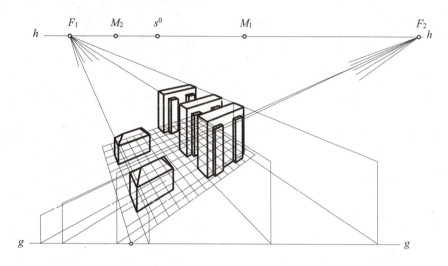

图 3-71 完成住宅小区的两点透视图

3.7 圆和曲面立体的透视

3.7.1 圆周的透视

当圆周与画面平行时,其透视仍然是圆;当圆周与画面不平行时,其透视一般为椭圆。对于与画面不平行的圆周,作其透视椭圆通常采用八点法,八个点是圆周的外切正方形四边中点以及对角线与圆周的四个交点,作出这八个点的透视,再用曲线光滑地连成椭圆。

如图 3-72 所示,作位于基面 H 上的水平圆周的透视。

作图时,首先作出圆周的外切正方形 $ABCD$ 的透视 $A^0B^0C^0D^0$,然后作出其对角线和中心线的透视,中心线的透视与 $A^0B^0C^0D^0$ 的交点 1^0、2^0、3^0、4^0,即为外切正方形四边中点的透视。

对角线与圆周的四个交点分别为 5、6、7、8,从图中可以看出,5、8 两点和 6、7 两点的连线分别与画面垂直,它们的画面迹点分别为 9^0 和 10^0,连 s^09^0 和 s^010^0,与对角线的透视相交于点 5^0、6^0、7^0、8^0。用曲线光滑地将求出的八个点连接起来,即为圆周的透视。

图 3-73 所示为作垂直于基面 H 上圆周的透视。其作图方法与作位于基面水平圆周的透视的方法基本相同。

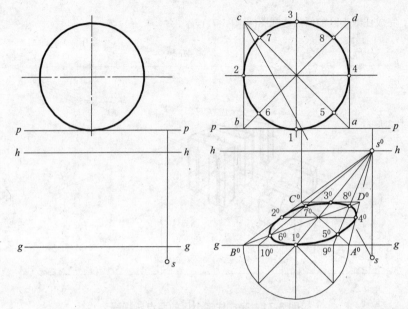

图 3-72 作基面 H 上水平圆周的透视

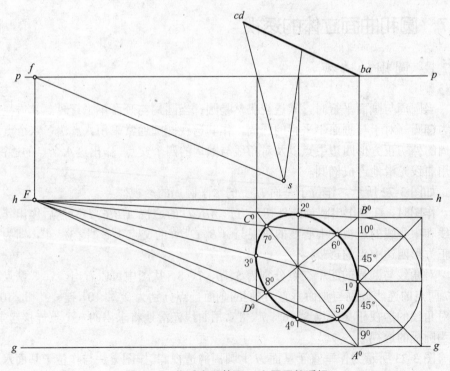

图 3-73 作垂直于基面 H 上圆周的透视

3.7.2 曲面立体的透视

例 3-16 如图 3-74 所示,作拱形体的透视。

作图 在本例中的拱形体由下部的长方体和上部的半圆柱组成。作图时,可按前面介绍的两点透视的作图方法首先作出下部长方体的透视。

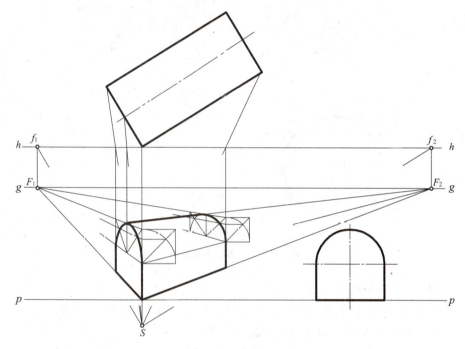

图 3-74 作拱形体的透视

对于上部半圆柱的左边半圆,可按图 3-73 所示的作垂直于基面 H 上圆周的透视的方法,先作出半个正方形的透视,从而得到半圆弧与半个正方形的三个切点的透视,再作出对角线与半圆交点的透视,依次光滑地连接这五个点,即为左边半圆弧的透视。右边半圆弧的透视可用同样的方法作出。最后,再作左、右两个透视半圆弧的公切线,即可作出半圆柱的透视。

3.7.3 螺旋线及螺旋楼梯的透视

1. 圆柱螺旋线的透视作图

圆柱螺旋线属空间曲线,求作空间曲线的透视,应先画出该空间曲线上一系列点的透视,然后将它们光滑地连接成曲线。

例 3-17 如图 3-75 所示，已知圆柱螺旋线的三面投影，作圆柱螺旋线的一点透视。

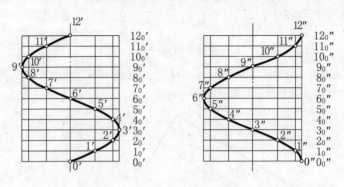

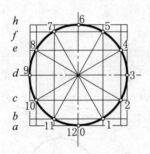

图 3-75 已知螺旋线投影

作图 如图 3-76 所示。

(1) 确定画面等相关参数(g—g、h—h)、并根据选定的视距在视平线上定出距点 D。

(2) 用下降基面法作出圆柱螺旋线的透视平面图。

作图步骤：①根据已知水平投影图中的各等分点作网格；②在下降基面的基线上，用辅助半圆和对角线的灭点(距点D)求出网格的基透视；③根据各等分点在网格中的位置，定出各等分点的基透视；④将各透视点光滑连成椭圆，即得透视平面图。

注意：这些网格不是方格，而是由圆周 12 等分而形成的特殊网格，它是由各等分点所画出的网格线。这些网格线，反映在水平方向和竖直方向上的分布规律是相同的。

(3) 作出 W 面投影的透视图(侧透视)。

作图步骤：①在下降基面的基线延长线的适当位置如点 K 作与心点的连线，即为 W 面与下降基面的交线的透视。自交点再由点 K 向上引铅垂线到画面上得真高线；②在真高线上定出螺距等分点，并将各等分点与心点相连；③过基透视各等分点作水平线与两个基透视的联系线相交，并过各交点向上引铅垂线与各分格线的透视相交；④将各点的侧透视光滑连成曲线，即得螺距的侧透视。

(4) 作圆柱螺旋线的透视。

借助同一个点的两个次透视——透视平面图和侧透视,完成圆柱螺旋线的透视。

作图步骤:过透视平面图和侧透视图上的同一个等分点,分别作铅垂投影连线和侧垂投影连线的透视,可交得螺旋线上该点的透视,进而依序作出各点的透视并用曲线光滑连接,即可完成螺旋线的透视。

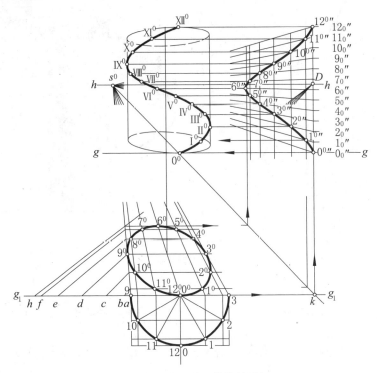

图 3-76　作圆柱螺旋线的透视

2. 螺旋楼梯的透视作图

螺旋楼梯具有节约空间、外形美观和表现力强的优点,被广泛用在有特殊要求的建筑内。如在地下建筑、商场等建筑中它常被作为垂直交通设施。

例 3-18　如图 3-77 所示,已知螺旋楼梯的平面图和侧立面图,作螺旋楼梯的一点透视。

读图

根据已知的两投影可知,本例为由梯板支承的、有圆立柱的右螺旋楼梯。楼梯的底面为一平螺旋面(平螺旋面是指导线是圆柱螺旋线及轴线,导面是与轴线垂直的平面,母线沿着两导线移动,又始终与导面平行形成的曲面。),内外两条底边为两条螺旋线。外螺旋线与踏步侧面位于一个圆柱上。该楼梯踏步级数为 12 级、旋转角度为 360°。楼梯的每一级踏步都是由等大的水平环状扇形踏面和等大的铅垂矩形的踢面所构成。其平面图为 12 等分的两同心圆周,表示了内外两个导圆柱面的直径。各等分均反映踏面的实形，同心圆环内的等分径向线则是踢面的积聚性投影。其侧立面图反映各部位的高度尺寸，如梯板高度、梯板竖直厚度等。

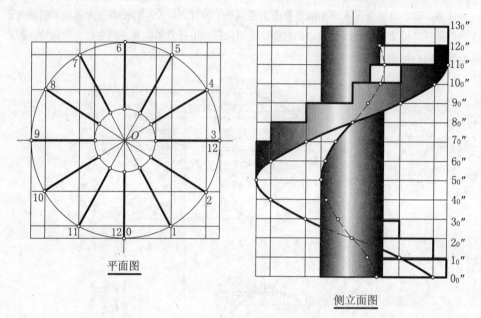

平面图

侧立面图

图 3-77 已知投影

作图 如图 3-78 所示。

(1) 确定画面等相关参数(g—g、h—h)、根据选定的视距，在视平线上定出距点 D。视平线可取在第六、七级之间。

(2) 用两次透视法作螺旋线的透视平面图和侧透视图(参考例 3-17 的作图过程)。在侧透视图中主要作外螺旋线的透视。

(3) 作圆柱轴线及螺旋线的透视(参考例 3-17 的作图过程)。

(4) 作楼梯踏步的透视。由于踢面矩形的水平边都与轴线相交，故踢面矩形的铅垂边中只需将外缘铅垂边线端点的透视作出，然后与圆柱轴线透视上的相应点连之即可。此处仅介绍几个点的作图步骤：①由点 0 开始作第一级踏步，$0^0 A^0$ 为第一级踏步踢面的下边线，过踢面外缘 0^0 竖直线与侧透视中该踢面外缘铅垂线的上点 $0_0''$ 所作的水平线相交得 0_0 的透视 0_0^0；②过 0_0^0 作与圆柱轴线透视上相应高度点 B^0 的连线，得该踢面与第二级踏面交线的透视；③过踢面内缘 0_1^0 竖直线与第二级踏面交线的透视相交，完成第一级踏步踢面矩形的透视；④用相同的方法分别过踢面外缘的 1^0、2^0、…竖直线，分别与侧透视中该踢面外缘铅垂线的上相应点 $1^0''$、$2^0''$、… 所作的水平线相交得 Ⅰ、Ⅱ、…的透视 Ⅰ^0、Ⅱ^0、…。

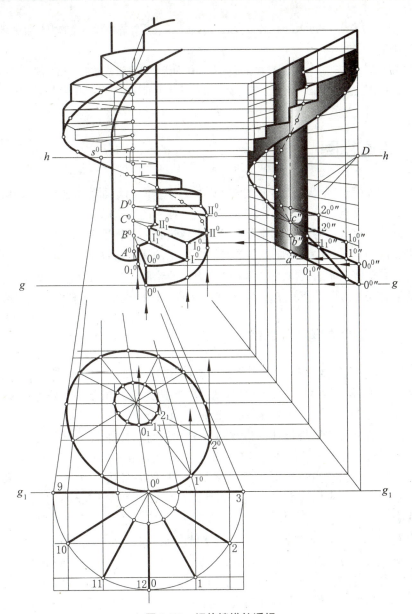

图 3-78 螺旋楼梯的透视

(5) 完成楼梯的透视。为了图面清晰,依次将透视图中看得见的踢面画出,看不见不表示(本例为方便自学,看不见的用细虚线表示)。将内、外圆柱螺旋面上踏面边线用椭圆弧连接,作为环状扇形踏面边圆弧的透视(椭圆弧的曲率和凹凸方向,随水平踏面相对于视点的高度变化和所处的位置而有所不同)。如在踢面矩形铅垂边线的向下延长线上,根据梯板竖向厚度与踏步高的比,按画面平行线的分比方法逐线取点,又可光滑连成螺旋楼梯底面的内外边缘螺旋线的透视(只画看得见的)。

作图结果 第一、二、三级踏面全部可见。第四级、第五级踏面被遮挡,部分可见。第六级踏面在小圆柱之后,踏面不可见,第七级以上的踏面为仰视,不可见(图中不可见部分用虚线表示)。

3.8 斜透视图

在绘制一点透视和两点透视图时,以垂直于基面的平面作为画面,其透视图在高度方向没有灭点。但当建筑物较为高大时,在人的视觉印象中,高度方向也会产生近大远小的感觉。为了逼真地反映出高大建筑物的透视形象,往往采用与基面倾斜的平面作为画面。在与基面倾斜的画面上作出的透视图称为斜透视图。在作斜透视图时,通常是立体的长度、宽度和高度方向的轮廓线与画面都有夹角,这样在透视图就会有三个方向的灭点 F_1、F_2 和 F_3,因此,这种透视图也被称为三点透视。

3.8.1 斜透视的基本概念

如图 3-79 所示为斜透视投影体系。其中 G 为基面,P 为倾斜画面,基面 G 与画面 P 的交线为基线 g—g,画面对基面的倾角为 θ(θ 角除 90°外可在 0~180°之间选取)。S 为视点,点 S 在 G 面上正投影为站点 s。

在图中有一直立四棱柱体,过视点 S 分别作与四棱柱上三个主向棱线平行的视线,与画面 P 相交得 F_1、F_2 和 F_3 三个主向灭点。由 F_1、F_2 和 F_3 三个主向灭点连成的三角形称为灭点三角形。由于灭点三角形的三条边线 F_1F_2、F_2F_3 和 F_3F_1 分别是立体的三个主向棱面的灭线,因此△$F_1F_2F_3$ 也可称为灭线三角形。

从图 3-79 可以看出,由两视线 SF_1 和 SF_2 所组成的水平面与画面的交线即为视平线 h—h,由于画面与基面倾斜,视平线与基线的距离为斜视高。由视点 S 作与画面垂直的视线,其垂足即为心点 s^0。Ss^0 为视距,心点 s^0 不在视平线 h—h 上,但心点 s^0 是灭点三角形 $F_1F_2F_3$ 的垂心,即灭点三角形三条高线的交点。F_3s^0 与视平线垂直,称为主垂线,主垂线与视平线 h—h 的交点为 F(画面中心点),$\angle F_3FS$ 等于画面倾角 θ。

F_3 是四棱柱上一组铅垂棱线的灭点。当画面的倾角 θ 小于 90°时,画面向前倾,灭点 F_3 在视平线 h—h 的上方,所画出的透视图称为仰视斜透视;当倾角 θ 大于 90°时,画面向后仰,灭点 F_3 在视平线的下方,所画出的透视图称为俯视斜透视。

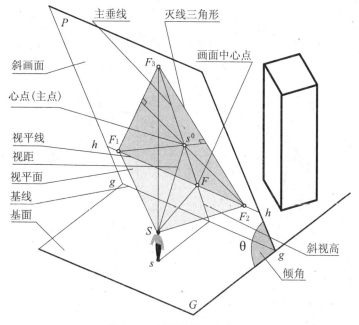

图 3-79 斜透视的几何关系

3.8.2 用视线法作斜透视图

在用视线法作斜透视图时必须注意:由于斜透视的画面与基面倾斜,为使透视图仍表示在铅垂面上,在画面上求出建筑形体的透视之后,要将画面 P 以及画面上所求出的各点的透视绕基线旋转至与基面垂直的位置。

1. 作立体的仰视斜透视

如图 3-80 所示,已知四棱柱的 H 面和 W 面投影及视点 S 的 H 面和 W 面投影 s 和 s'',画面 P 为侧垂面且向前倾斜,与基面的倾角为 θ,其 W 面投影为 P_W 及基线 g''—g''。作立体的仰视斜透视的作图过程如下。

(1) 确定视平线 h—h 和三个主向灭点 F_1、F_2 和 F_3。

由 s'' 分别作水平线和铅垂线,与 P_W 交于 h'' 和 f_3'',h'' 和 f_3'' 分别为视平线和高度方灭点 F_3 的侧面投影。以基线的 W 面投影 g'' 为圆心,分别以 $g''f_3''$ 和 $g''h''$ 为半径画圆弧与 V_W 相交,由交点向左作水平线,与过站点 s 所作的铅垂线相交,可作出视平线 h—h 和灭点 F_3。

再由站点 s 分别作立体的两个水平主向平行线,与视平线的 H 面投影 h_1—h_1 交于 f_1 和 f_2 点,即得两个水平主向灭点 F_1、F_2。

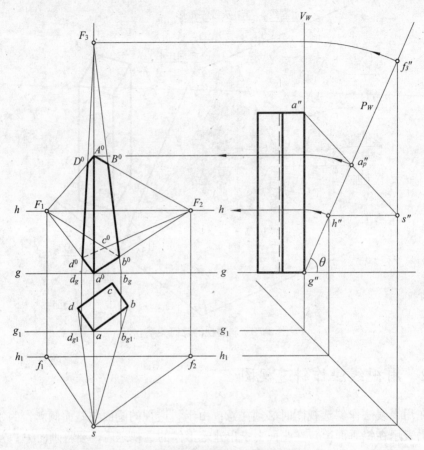

图 3-80 作立体的仰视斜透视

(2) 作出立体的基透视。

点 a 位于基线上，其透视即为本身，在平面图上，由点 a 向上作铅垂线与基线 g—g 相交得点 a^0，连 a^0F_1 和 a^0F_2。由站点 s 分别连 sd 和 sb，作出 d_g 和 b_g，连 d_gF_3 和 b_gF_3 分别与 a^0F_1 和 a^0F_2 交得 d^0 和 b^0，再分别连 d^0F_2 和 b^0F_1，即可作出立体的基透视 $a^0b^0c^0d^0$。

(3) 竖高度作出立体的透视。

将灭点 F_3 分别与 a^0、b^0、c^0 相连，即为各条棱线的透视方向。在 W 面投影上连 $s''a''$ 与 P_W 面交于 a_p''，并以 g'' 为圆心、$g''a_p''$ 为半径画圆弧与 V_W 面相交，由交点向左作水平线，与 a^0F_3 相交，即得点 A 的透视 A^0，再利用水平主向灭点 F_1、F_2，即可作出立体的透视。

仰视斜透视的空间情况如图 3-81 所示。

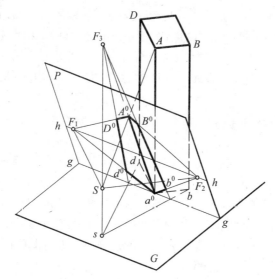

图 3-81 仰视斜透视的空间情况

2. 作立体的俯视斜透视

如图 3-82 所示为作立体俯视斜透视的作图过程,其所给定的已知条件、作图过程与图 3-80 所示基本相同。区别之处主要有:①由于俯视斜透视的画面向后倾斜,

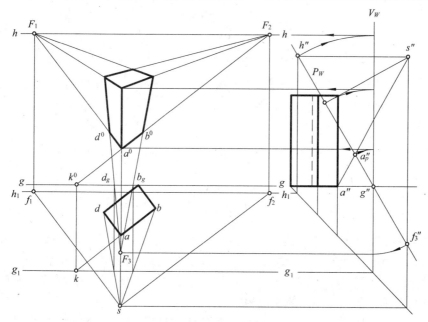

图 3-82 作立体的俯视斜透视

因此，在 H 面投影上，g_1—g_1 在前，h_1—h_1 在后；②由于立体的 H 面投影 $abcd$ 没有与 g_1—g_1 相交，在作图时，先应延长 ab 与 g_1—g_1 交于点 k，由点 k 向上作铅垂线与基线 g—g 交得点 k^0，连 k^0F_2 即为 ab 的透视方向；再利用视线法，分别连 $s''a''$ 和 sb，即可作出 ab 的透视 a^0b^0，最后按照图 3-74 所示的方法即可作出立体的俯视斜透视图。

3.8.3 用量点法作斜透视图

图 3-83 所示为在铅垂画面上用量点法作位于基面上的水平面透视的作图过程，从图中可知，两个量点 M_1、M_2 和两个灭点 F_1、F_2 必然位于该水平面的灭线——视平线上，灭点与量点的距离等于视点与灭点的距离。该水平面的画面迹线为基线 g—g，视平线 h—h 与基线 g—g 互相平行。水平面上的直线的画面迹点必然位于该水平面的画面迹线——基线上，作直线的透视时，要由其画面迹点在基线上量取相应的点，再与对应的量点相连。

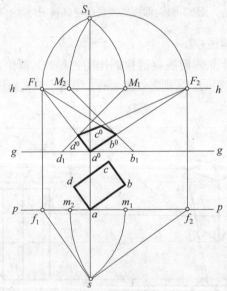

图 3-83 用量点法作位于基面上的水平面透视

从图中还可知，求两个量点可以采用作半圆的方法，即以 F_1F_2 为直径作一半圆，与由站点 s 所作的铅垂线交于点 S_1，再分别以 F_1 和 F_2 为圆心，F_1S_1 和 F_2S_1 为半径作圆弧与视平线 h—h 相交，即可作出量点 M_1 和 M_2。用量点法在倾斜画面上作图与在铅垂画面上作图的原理相同。

图 3-84 为用量点法作立体仰视斜透视的作图过程，其所给定的已知条件与图 3-80 相同。具体的作图过程如下：

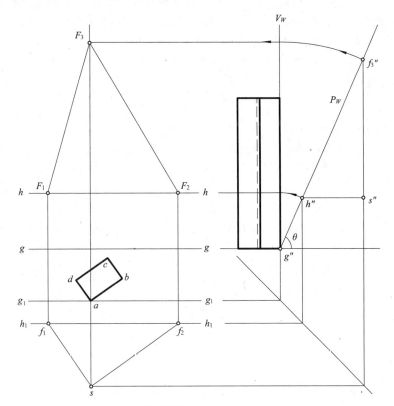

(a) 作出灭线 △$F_1F_2F_3$

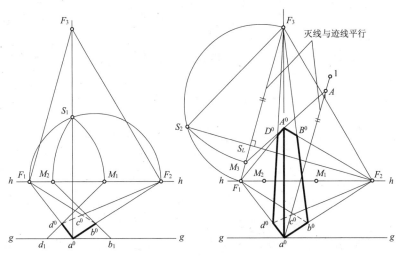

(b) 作出立体的基透视 $a^0b^0c^0d^0$ (c) 用量点法确定立体的透视高度

图 3-84　用量点法绘制斜透视图

(1) 按照与图 3-80 相同的方法，确定基线 g—g、视平线 h—h 和三个主向灭点 F_1、F_2 和 F_3，作出灭线三角形 $F_1F_2F_3$（见图 3-84(a)）。

(2) 采用作半圆的方法作出水平方向的两个量点 M_1、M_2，并借助量点 M_1、M_2 作出立体的基透视 $a^0b^0c^0d^0$（见图 3-84(b)）。

(3) 用量点法确定立体的透视高度（见图 3-84(c)）。

① 将灭点 F_3 分别与 a^0、b^0、d^0 相连，即为各条棱线的透视方向。

② 作出高度方向的量点 M_3。F_1F_3 为立体的左前棱面 $AadD$ 的灭线，以 F_1F_3 为直径作一半圆，再作出灭线△$F_1F_2F_3$ 的 F_1F_3 边的高线 F_2S_L，延长后与半圆交得点 S_2，以 F_3 为圆心，以 F_3S_2 为半径作圆弧与 F_1F_3 相交，即得高度方向的量点 M_3。

③ 作出左前棱面 $AadD$ 的画面迹线。点 a 位于画面上，由点 a 的透视 a^0 作直线 a^01 与左前棱面 $AadD$ 的灭线 F_1F_3 平行，a^01 即为左前棱面 $AadD$ 的画面迹线，该线也称斜真高线。

④ 作出立体上各棱线的透视高度。根据立面图上 Aa 的高度，在画面迹线 a^01 上，量取 $a^0A=Aa$，得点 A，连 AM_3 与 a^0F_3 交于点 A^0，A^0a^0 即为棱线的 Aa 透视高度。再利用灭点 F_1 和 F_2，即可作出整个立体的透视。

思 考 题

1．什么是透视投影？透视图有什么特点？它与正投影图和轴测投影图有哪些区别？

2．什么是直线的迹点和灭点？如何确定与画面相交的直线的透视方向？

3．与画面平行的直线有没有灭点？如何作画面平行线的透视？

4．为什么互相平行的画面相交线的透视相交于同一个灭点？水平线的灭点在什么地方？

5．什么叫真高线？如何用集中真线确定不同高度不同位置竖直线的透视高度？

6．平面的灭线是什么？如何确定平面的灭线？平面的灭线与平面的迹线有什么关系？

7．一点透视、两点透视和三点透视各有什么特点？它们之间的区别是什么？

8．视线法的基本原理是什么？试分析视线法的优点和缺点。

9．什么是量点、距点？如何作出量点、距点？如何用量点法、距点法作出透视图？试分析量点法的优点和缺点。

10．怎样才能画出效果较好的透视图？如何才能处理好视点、画面和建筑物间的相对位置？

11. 网格法的基本原理是什么？在什么情况下适合用网格法？
12. 圆的透视的特点是什么？如何作圆的透视？
13. 如何作螺旋线的透视？如何作螺旋楼梯的透视？
14. 斜透视图的特点是什么？绘制斜透视图有哪几种方法？
15. 在运用量点法作斜透视图中，灭线三角形起什么作用？

透视图中的阴影、倒影与镜像

本章要点

- **图学知识** 在透视图上加绘阴影及倒影与镜像的基本方法、规则和作图步骤。
- **学习重点** (1) 弄清在透视图上画面平行光线和画面相交光线的特点。
  (2) 掌握在画面平行光线下和画面相交光线下判别立体表面的阴面和阳面，从而确定阴线的方法。
  (3) 掌握点、线落影的基本作图方法。
  (4) 掌握倒影与镜像的作图方法。
- **学习指导** (1) 从了解光线的特点、熟悉点和线落影的作图方法开始，掌握在透视图上加绘阴影的作图方法；明确阴影作图的基本规则，熟练作图的步骤。
  (2) 从弄清倒影和虚像的基本作图原理开始，逐步熟练掌握倒影与镜像的作图方法。
  (3) 作图过程中，经常与日常生活中观察获得的落影、倒影及镜像现象对比，并与所掌握的知识对比，以加深理解。灵活运用多种作图方法。

4.1 透视图中的阴影

4.1.1 概述

透视阴影就是在透视图中根据光线的照射方向，按照落影规律加绘阴影。在建筑透视图中加绘阴影，可以增强建筑透视图的艺术表现效果与真实感、立体感，充分表达设计意图，如图4-1所示。

图 4-1　建筑透视图上的阴影

1. 透视图中加绘阴影采用的光线

在透视图中加绘阴影，一般采用平行光线来反映建筑物在太阳光照射下产生的阴影。光线的投射方向可以根据透视图的实际情况，按表现效果的需要任意选择。

把光线看做直线，光线在透视图中的透视特性与直线的透视特性完全相同。根据光线投射方向与画面相对位置的不同，可以将光线分为两类：与画面平行的光线和与画面相交的光线。

注：为简明起见，本书用"落影"表示"透视的落影"。

2. 点的落影

空间一点的透视在承影面上的落影的作图法，仍是先将通过该点的光线延长，然后求出它与承影面的交点。在透视图中常需利用点的基透视与光线的基透视辅助作图。

3. 直线的落影

直线在承影面上的落影，是过该直线上各点的光线所形成的光平面与承影面的交线。当直线平行于光线时，落影为一点。

(1) 直线落影的相交规律如下。

① 直线与承影面相交，该直线的落影必通过该直线与承影面交点的透视。

② 直线在相交两承影面上的落影为折线，折影点的落影在两承影面交线的透视上。

③ 两相交直线在同一承影面上的落影的透视必交于一点。

(2) 直线透视落影的平行规律如下。

① 直线平行于承影面，当直线是画面平行线时其落影与该直线的透视平行；当直线是画面相交线时其落影与该直线的透视消失于同一灭点。

② 两平行的画面平行线在同一承影面上的落影仍相互平行;两平行的画面相交线在同一承影面上的落影消失于同一灭点。

③ 画面平行线在两平行的承影面上的落影相互平行;画面相交线在两平行的承影面上的落影消失于同一灭点。

(3) 直线透视落影的垂直规律如下。

铅垂线在所垂直水平面上的落影是与光线的基透视方向一致的直线。

可见,正投影图阴影中直线落影的一些基本特征,在透视阴影中也同样保持。同理,正投影图阴影的一些基本作图方法,如光线迹点法、光截面法、返回光线法、延线扩面法等,在作透视阴影时仍完全适用;所不同的是透视阴影必须遵循中心投影的规律作图。

4.1.2 画面平行光线照射下的阴影

画面平行光线照射下的阴影主要用于两点透视图中。

1. 画面平行光线在透视图中的透视特性

如图 4-2 所示,光线 L 与画面 P 平行为无灭光线,光线的基投影 l 与基线 $g\text{-}g$ 平行。光线的透视 L^0 与光线 L 平行,光线的基透视 l^0 与光线的基投影 l 平行。在透视图中,光线的方向一般从左上方射向右下方,也可从右上方射向左下方,光线相对基面的倾角的大小,可根据表达效果的需要来定(常选用 45° 的倾角)。

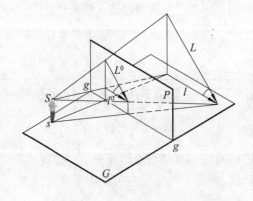

图 4-2 画面平行光线

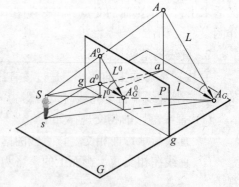

图 4-3 点在基面上的落影的立体图

2. 点的透视在平行光线下的落影

(1) 点在基面上透视落影的作图。

如图 4-3 所示,过点 A 的光线 L 与基面交于点 A_G,则点 A_G 是点 A 在基面上的落影。连线 aA_G 不仅是光线的基投影 l,也是包含 Aa 的光平面与基面的交线。点 A 的透视 A^0 的落影 A_G^0,是过点 A 的光线 L 的透视 L^0 与过该点的基透视 a^0 作光线的基透视 l^0 的交点。

换个视角思考,包含 Aa 的光平面与画面平行,它与基面的交线必与基线平行。点 a 是光平面与基面的共有点,那么,过点 A^0 作光线的透视 L^0 与过点 a^0 作的光线的基透视 l^0 的交点 A_G^0,即为所求。这种作图即为光线迹点法的应用。

注:为简便起见,点 A 的透视将直接用"A"表示,点 A 的透视在承影面 G 上的落影用带脚注的字母表示,如"A_G",如图 4-4 所示。

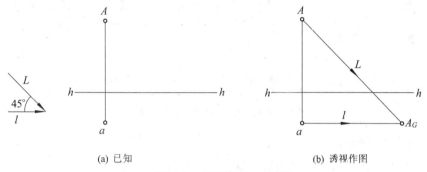

(a) 已知   (b) 透视作图

图 4-4 点在基面上的落影

(2) 点在铅垂面上落影的作图。

如图 4-5 所示,过点 A 作光线 L 的平行线,该线与 Aa 表示一个与画面平行的光平面。光平面与基面的交线是过点 a 所作与基线平行的线,光平面与铅垂面的交线是铅垂线。

作图过程:过点 a 作基线平行线,与铅垂面在基面的下边线 bc 交于点 1,过点 1 作铅垂线与过点 A 作的光线 L 交于点 A_P。

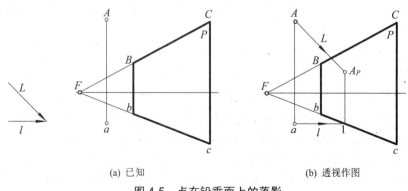

(a) 已知   (b) 透视作图

图 4-5 点在铅垂面上的落影

(3) 点在一般位置平面上的落影的作图。

如图 4-6 所示,作出一般位置平面 $BCDE$ 的基透视 $bcDE$,包含 Aa 的光平面与基面交于 $a1$,与 $bcDE$ 交于 13,与 CcD 交于铅垂线 23。连线 12 为光平面与一般位置平面的交线,过点 A 的光线 L 交 12 于点 A_P。

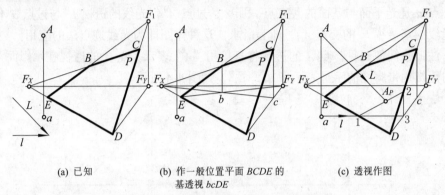

(a) 已知　　　　(b) 作一般位置平面 $BCDE$ 的　　　(c) 透视作图
　　　　　　　　　　基透视 $bcDE$

图 4-6　点在一般位置平面上的落影

3. 直线透视的落影

直线在承影面上的落影是包含直线的光平面与承影面的交线。

画面平行线在任何承影面上的落影,仍然是一条画面平行线(无灭直线),且直线的落影与承影面的灭线平行。包含画面平行线的光平面与画面平行,则光平面与承影面的交线(落影)与承影面的画面迹线平行,而承影面的迹线与其灭线平行,所以画面平行线的落影与承影面的灭线平行。

画面相交线的落影也是面相交线(有灭直线)。包含画面相交线的光平面与画面倾斜,光平面与任何承影面的交线即直线的落影也与画面倾斜(画面相交线)。所以画面相交线落影的灭点是光平面的灭线与承影面灭线的交点。

过直线光平面的灭线的作图(参考第 76 页灭线的作图):过直线的灭点作光线的平行线。

(1) 铅垂线落影的作图。

如图 4-7 所示,包含铅垂线 Aa 作一个光平面(画面平行面),该光平面与基面的交线取 $a1$,与铅垂面 $BbcC$ 相交得 12,与立体截交的交线为 1432,过点 A 作光线与 23 相交即得 A_P。可见 Aa 的落影为折线 $a12A_P$,其中 Aa 在斜面 P 上的落影与斜面 P 的灭线平行。这种作图即为光截面法的应用。

(2) 平行于画面的斜线落影的作图。

如图 4-8 所示,包含 AB 作光平面(画面平行面),该光平面截交立体,有截交线 1432,由此可得 A_P。AB 的落影为折线 B_G12A_P。

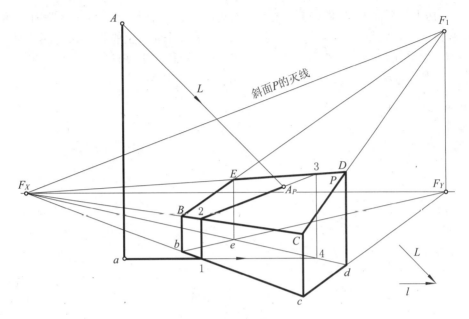

图 4-7 铅垂线的落影

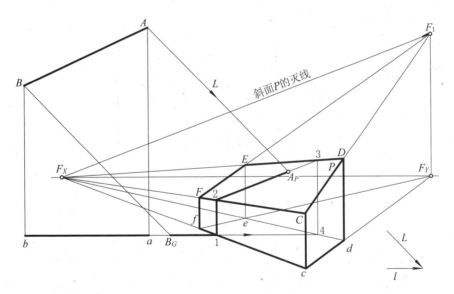

图 4-8 平行于画面的斜线的落影

(3) 平行于基面的画面相交线落影的作图。

如图 4-9 所示,用光线迹点法求出点 A 在基面的落影 A_G,因 AB 平行于基面,根据平行规律,AB 在基面上的落影与 AB 本身消失于同一灭点 F。连 A_GF 可得折影点 1。AB 与铅垂面 $LlcC$ 交于点 3。根据相交规律，连 13 即得直线 AB 在该铅垂面上的落影 14，点 4 为折影点。14 的灭点为 V_2。直线 AB 在平面 P 上的落影 $4B_P$ 可根据画面相交线的落影的灭点为承影面 P 的灭线 F_XF_1 与光平面的灭线 FV_2 的交点 V_1 求出。

读者可思考直线 AB 在铅垂面上的落影与点 V_2 的关系。

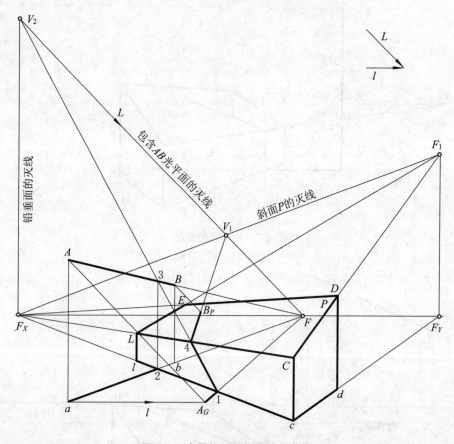

图 4-9　水平的画面相交线的落影

(4) 一般位置画面相交线的落影的作图。

如图 4-10 所示，用光线迹点法求出点 A 在基面上的落影 A_G。直线 AB 在基面上的落影的灭点是包含 AB 的光平面的灭线 FV_1 与视平线(基面的灭线)的交点 V_1。连 A_GV_1 得折影点 1。直线 AB 与铅垂面交于点 3。连 13 即得 AB 在铅垂面上的落影。该落影与铅垂面的灭线交于点 V_3。直线 AB 在斜面上的落影的灭点为斜面 P 的灭线 F_XF_1 与包含直线 AB 的光平面的灭线的交点 V_2。扩大铅垂面使该面与直线 AB 相交而得到直线与承影面的交点的作图是延线扩面法的应用。

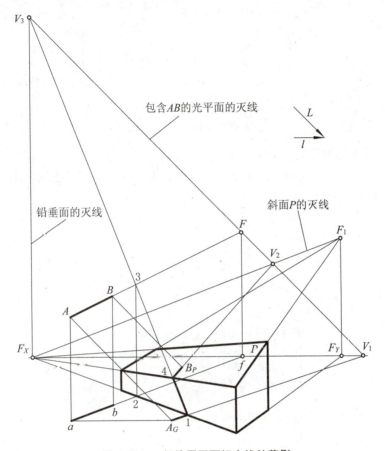

图 4-10　一般位置画面相交线的落影

4. 平面及平面体的阴面、阳面的判别

平面的落影就是围成平面的边线或平面多边形顶点透视的落影。

铅垂面的阴阳可以直接由给定光线的基透视的方向进行判别：平面基透视迎向光线的一侧是阳面，否则是阴面。一般位置平面的阴阳不易判别时，可以先求出它们边线上点的落影，再将这些点的落影依次相连，与其透视的连接顺序相比较进行判断。如果顺序相同，此平面为阳面；如果顺序相反，此平面为阴面。

平面体的落影是立体上阴线的落影。根据平行光线总是从上向下照射的特点，对具有积聚表面的平面体从光线的水平投影即能判别其表面的阴阳，如图 4-11(a)所示。在透视图中，要利用光线的基透视，观察迎向光线基透视方向的凸棱面的一侧，来判定阴阳面，确定阴线，如图 4-11(b)所示。

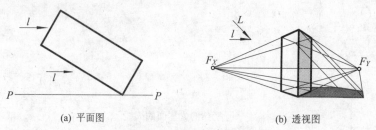

(a) 平面图　　　　　　　　　　(b) 透视图

图 4-11　判断铅垂面的阴阳

5. 建筑形体的落影

在建筑形体上加绘阴影的作图步骤：根据光线的方向判别建筑形体各个表面的阴阳面，确定阴线，再求出影线，最后填充阴面与影区。

例 4-1　求图 4-12 所示雨篷和门洞在自左向右的 45°平行光线下的透视阴影。

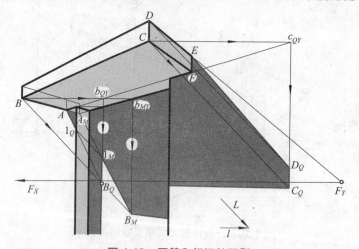

图 4-12　雨篷和门洞的阴影

分析　由给定光线的照射方向可判断雨篷下底面、右侧面和门洞左侧面是阴面。可见面上的阴线分别为 $AB—BC—CD—DE$ 及门洞左侧面与墙面的交线。图上没有基面，可利用雨篷下底面作出光线在该面上的基透视。

本例将应用光线迹点法、延线扩面法求解。

作图　①过点 B 在雨篷下底面作光线的基透视的平行线，与雨篷下底面和墙面扩大面的交线交于 b_{QY}，与雨篷下底面和门洞的上边线交于 b_{MY}。

②过 b_{QY} 和 b_{MY} 分别作竖直线与过点 B 光线交于 B_Q 和 B_M。连 AB_Q，得影线 $A1_Q$。

③延长 BA 与雨篷下底面和门洞的上边线交于 A_M，连 $A_M B_M$，与过 1_Q 的光线交于 1_M。

④连 $B_M F_X$ 并延长。

⑤过 1_M 作竖直线。

用同样方法作雨篷在墙面上的落影。

例 4-2 如图 4-13 所示,求在自左向右的 45°平行光线下的台阶的透视阴影。

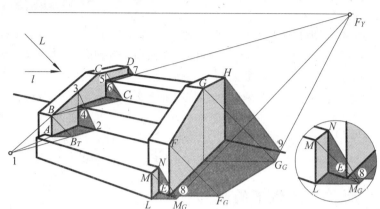

图 4-13 台阶的阴影

分析 由给定光线的照射方向可判断台阶左右两块挡墙的右侧面和最下一级台阶的右侧面为阴面。因此,台阶左挡板阴线为 AB—BC—CD,右挡板阴线为 EF—FG—GH,踏步阴线为 LM—MN。

本例可应用光线迹点法、延线扩面法及落影规律进行求解。

作图 求左挡板的落影。用光线迹点法求出点 B 在第一级台阶踏面上的落影 B_T。根据影线必通过阴线与承影面的交点的规律,把踏面扩大与阴线 BC 的延长线交于点 1。连 $1B_T$ 并延长得影线 B_T2。踏面上的点 2 为折影点,把踢面向上延伸,交阴线 BC 于点 3,连 23,得踢面上的影线 24。依此类推,作出第二级台阶踏面上的落影。点 C 落影为点 C_t。CD 在踏面上的落影,可利用一组平行线的透视有一个共同的灭点的规律求出,落在踏面上的影必须指向灭点 F_Y。右挡板阴线与踏步阴线的落影作图法如图 4-13 所示。

例 4-3 如图 4-14 所示,求平行光线下的小屋的阴影。

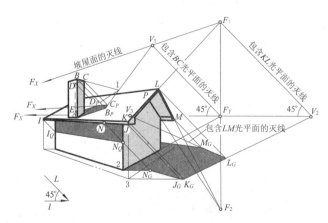

图 4-14 小屋的阴影

分析 坡屋面与烟囱的可见阴线分别为 IJ—JK—KL—LM、AB—BC—CD—DE。墙面的阴线为 $2N_Q$。

作图 ①求烟囱在坡屋面上的落影。阴线 AB 在坡屋面上的落影 AB_P 必平行于坡屋面灭线 F_1F_X，阴线 BC 在坡屋面上的落影 B_PC_P 的灭点为包含 BC 的光平面的灭线与承影面灭线的交点 V_1，且通过 BC 与坡屋面的交点 1。CD 平行坡屋面，在坡屋面上的落影 C_PD_P 消失于 F_X。

②求坡屋面阴线的落影。从竖直线 JK 在基面上的落影 J_GK_G 入手，斜线 KL、LM 在基面上的落影的灭点分别为光平面的灭线与承影面的灭线的交点 V_2、V_3。过点 M 的水平阴线与 IJ 在基面上的落影 N_GJ_G 及 IJ 在墙面上的落影 I_QN_Q 共同消失于 F_X。过点 J 的水平阴线在墙面上的落影可利用该线与墙角阴线在基面上落影的交点——过渡点对辅助作图。

4.1.3 画面相交光线下的阴影

1. 画面相交光线的透视特性

光线 L 与画面、基面都倾斜相交，光线的基投影 l 是水平的画面相交线，则光线的透视 L 的灭点为天点或地点 F_L，光线的基透视 $l°$ 的基灭点为视平线上的点 F_l。光线的灭点 F_L 与光线的基透视灭点 F_l 的连线垂直于视平线。

(1) 顺光。

如图 4-15(a) 所示，光线从画面前上方向画面后下方照射(从观察者的背后射向画面)，光线是下行直线，光线的灭点 F_L 位于视平线的下方(地点)。

(2) 逆光。

如图 4-15(b) 所示，光线从画面后上方向画面前下方照射(从画面后向观察者迎面射来)，光线是上行直线，它的灭点 F_L 在视平线的上方(天点)。

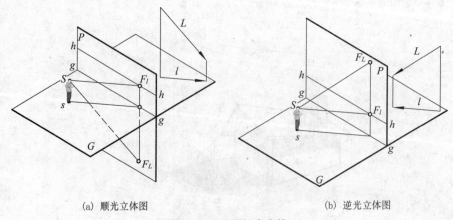

(a) 顺光立体图　　　　　(b) 逆光立体图

图 4-15　画面相交光线

2. 点的透视的落影

(1) 点在基面上落影的作图。

如图 4-16 所示，在空间过点 A 作光线 L 与基面交于点 A_G。点 A_G 是点 A 在基面上的落影。连接点 a 与点 A_G 不仅是光线的基透视 l，也是包含 Aa 的光平面与基面的交线。点 A 在基面上的落影 A_G，是过点 A 的光线 L 与过点 a 光线的基透视 l 的交点。

在透视图中，连接点 A 与光线灭点 F_L，作出过点 A 的光线的透视，再连接点 a 与光线基透视灭点 F_l，作出过点 a 的光线的基透视，两线交于点 A_G，即为所求，如图 4-16(b)、(d)所示。

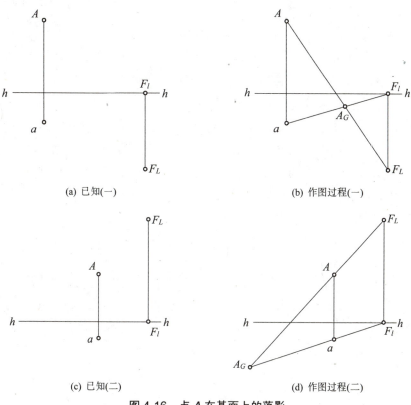

(a) 已知(一)　　　　　　　(b) 作图过程(一)

(c) 已知(二)　　　　　　　(d) 作图过程(二)

图 4-16　点 A 在基面上的落影

(2) 点在铅垂面上落影的作图。

如图 4-17 所示，在透视图中，连接点 A 与光线灭点 F_L，AF_L 为过点 A 的光线的透视，与垂直基面的画面平行线 Aa 形成一个光平面(铅垂面)。它与铅垂面的交线应是铅垂线。光平面与基面的交线是过点 a 所作的光线的基透视 aF_l。它与铅垂

面在基面的下底边 bc 交于点 1，过点 1 作铅垂线与过点 A 光线的透视交于点 A_P，A_P 即为点在铅垂面上的落影。

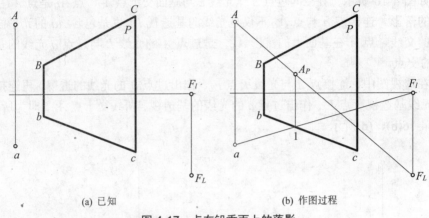

图 4-17　点在铅垂面上的落影

(3) 点在一般位置平面上的落影的作图。

在图 4-18(b)中，作出一般面两主向线的灭点 F_X、F_l 以及一般面的基透视 $bcED$，在图 4-18(c)中，包含 Aa 的光平面与基面交于 aF_l；与 $bcED$ 交于 12；与 $BbcC$ 交于铅垂线 32。连线 31 为光平面与一般位置平面的交线，与过点 A 的光线的透视 AF_L 交于点 A_P，A_P 即为点 A 在一般位置平面上的落影。

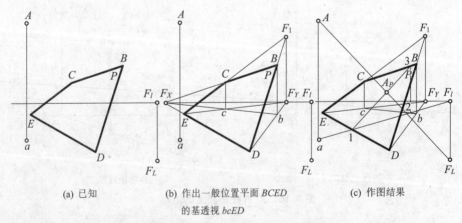

图 4-18　点在一般位置平面上的落影

3. 直线透视的落影

直线在承影面上的落影是包含该直线的光平面与承影面的交线，该交线的灭点为光平面的灭线与承影面灭线的交点。

当直线是画面平行线时，光平面的灭线为过光线的灭点所作的该直线的平行线。

当直线是画面相交线时，光平面的灭线为光线的灭点与该直线的灭点的连线。

(1) 铅垂线落影的作图如图 4-19 所示。

铅垂线 Aa 在基面上的落影的方向为 aF_l。点 1 为折影点。Aa 平行铅垂面 $BCcb$，落影与本身平行，过点 1 作 Aa 的平行线。交 BC 于点 2，点 2 为折影点。AB 在斜面上的落影的灭点为承影面的灭线 F_XF_1 与光平面的灭线 F_LF_l 延长线的交点 V_1。

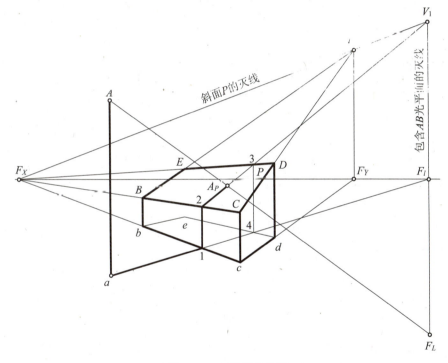

图 4-19 铅垂线的落影

(2) 平行于画面的斜线落影的作图如图 4-20 所示。

包含 AB 光平面的灭线为过 F_L 所作的与 AB 平行的直线。延长 AB 与基面交于点 1。AB 在基面上的落影为在点 1 与 V_1 的连线上，点 V_1 是包含 AB 的光平面的灭线与承影面(基面)的灭线(视平线)的交点。连 $1V_1$ 得折影点 2。用光线迹点法求点 B 在基面上的落影 B_G，B_G2 即为 AB 在基面上的落影。AB 在铅垂面上落影的灭点为铅垂面的灭线与包含 AB 光平面灭线的交点 V_3。过折影点 2 与 V_3 作连线 $2V_3$ 即得 AB 在铅垂面上的落影 23。AB 在斜面 P 上落影的灭点为斜面 P 的灭线与包

含 AB 光平面的灭线的交点 V_2，作连线 $3V_2$，再由光线迹点法即可求出点 A 在斜面 P 上的落影 A_P，则 $3A_P$ 即为所求。

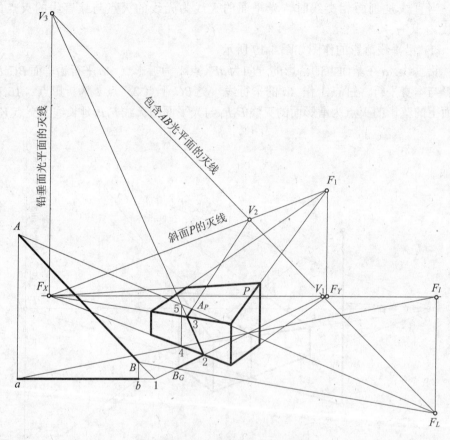

图 4-20　平行于画面的斜线的落影

(3) 水平的画面相交线的落影的作图过程如图 4-21 所示。

运用光线迹点法求出点 A 在基面上的落影 A_G。将 A_G 和基面的灭线(视平线)与包含 AB 光平面的灭线的交点 F 相连得 AB 在基面上的落影 $A_G 1$，点 1 为折影点。求 AB 在铅垂承影面上的落影，除可采用前面所介绍寻找灭点的方法外，还可应用延线扩面法求解。扩大铅垂面即可由 AB 的基透视与铅垂面的交点 4，过点 4 作铅垂线交 AB 得铅垂面与 AB 的交点 5，连 25 得 AB 在铅垂面上的落影 26。该落影也可过 AB 与铅垂面的交点 5，与铅垂面的灭线与包含 AB 的光平面灭线 FF_L 的交点 V_2 连接得 AB 在铅垂面上的落影。AB 在斜面上落影的灭点是斜面 P 的灭线 F_XF_1 与包含 AB 的光平面灭线的交点 V_1。

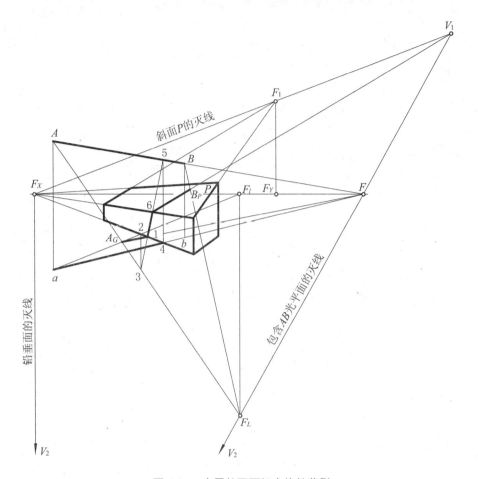

图 4-21 水平的画面相交线的落影

读者可思考求点 A 在铅垂面的落影点 3 的作图,来完成 AB 在铅垂面上的落影。

(4) 一般位置的画面相交线的落影的作图过程如图 4-22 所示。

将直线 AB 延长与基面交于点 3。AB 在基面上落影的灭点为光平面的灭线 FF_L 与基面的灭线 $h—h$ 的交点 V_2。连 $3V_2$ 即得 AB 在基面上的落影方向。用光线迹点法求得 A_G,即得 AB 在基面上的落影 A_G1。点 1 为折影点。AB 在铅垂面上影的灭点为铅垂面的灭线 F_XV_1 与光平面的灭线的交点 V_1,连 $1V_1$ 可得 AB 在铅垂面的落影 12。点 2 为折影点。AB 在斜面 P 上落影的灭点为斜面的灭线 F_XF_1 与光平面灭线的交点 V_3,作连线 $2V_3$ 并用光线迹点法求得 B_P,即得 AB 在斜面 P 上的落影 $2B_P$。

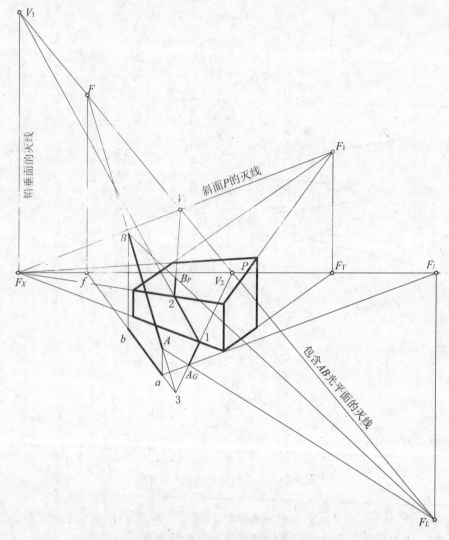

图 4-22　一般位置的画面相交线的落影

4. 顺光下透视图中的阴影

在两点透视图中，当光线的灭点落在形体两个主灭点的外侧时，透视图上形体的两个可见立面一个为阳面、一个为阴面，如图 4-23(a)所示；当光线的灭点落在两个主灭点之间时，则两个可见立面均为阳面，如图 4-23(b)所示。在一点透视图上，可见的主向正立面为阳面，当可见的主向侧立面位于迎光的一侧时，可见的主向侧立面为阳面，如图 4-23(c)所示，反之亦然。

例 4-4　如图 4-24 所示，在平顶房屋的透视图上加绘它在顺光下的阴影。

4 透视图中的阴影、倒影与镜像   143

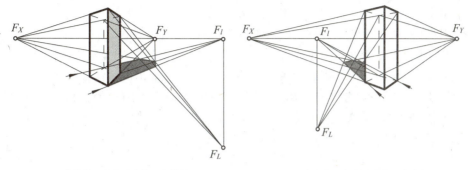

(a) 光线的灭点在两个主灭点外侧　　　　(b) 光线的灭点在两个主灭点之间

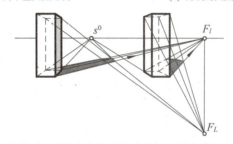

(c) 一点透视中，顺光光线的灭点与心点在相对立体中的不同位置

图 4-23　顺光下判断铅垂面的阴阳面

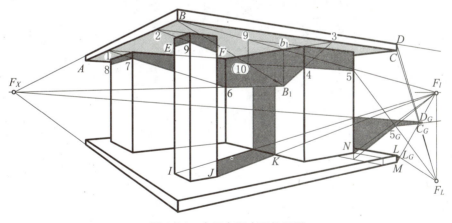

图 4-24　房屋在顺光下的阴影

分析　为了得到理想的阴影效果，先设定点 B 的落影 B_1 位于门廊右侧的墙面，再利用平顶下底面作为辅助面，反求出光线基灭点 F_l 与灭点 F_L。由于光线的灭点落在两个主灭点之间，可见的两侧立面均为阳面，阴线为平屋面的下底面边线及立柱的两侧边棱线。

作图　求平屋顶可见面的阴线 AB—BC—CD 的影。AB 平行墙面，在其上的影的灭点为 F_X，连 B_1F_X 交墙角线于点 6。由延线扩面法延长墙面和屋檐底面交线使其交 AB 于点 1，连接点 1、6 交墙角线于点 7，AB 平行该墙面与柱右侧面，由灭点 F_X，得影线 78 与 9E。延长柱前端面与屋檐底面的交线交 AB 于点 2，连接点 9、2，并延长，得影线 9F。

将门廊右侧墙与屋檐底面的交线延长，与阴线 BC 相交于点 3，连接点 3、B_1，交墙角线于点 4。由于阴线 BC 在前外墙面上落影的灭点跃出纸面以外，求 BD 在前端墙面上的影可应用虚影法。即求点 B 在该墙面上的虚影，将前外墙向左扩大与 BF_1 交于点 9，进而求出点 B 落于前外墙面上的虚影(10)，连接(10)与 4 并延长即可得 BC 在前外墙面上的落影 45。

平屋顶的阴线及平台在基面上的影利用基透视直接求得。

柱子落在门廊地面上的落影直接利用光线基灭点 F_l 求出。

例 4-5 如图 4-25 所示，在有烟囱小屋的透视图上加绘在顺光下的阴影。

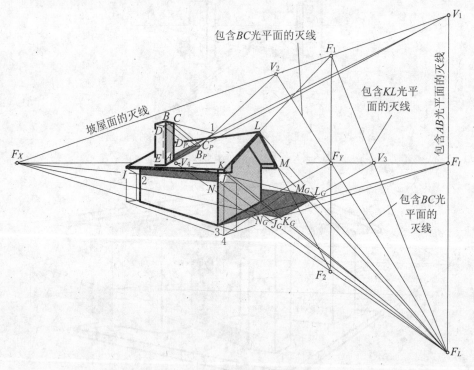

图 4-25 小屋在顺光下的阴影

分析与作图 利用直线落影的灭点就是通过该直线的光平面灭线与承影面灭线的交点这个概念作图，问题就可迎刃而解。

求烟囱的落影：过铅垂阴线 AB 的光平面是铅垂面，其灭线是 F_1F_L，而坡屋面的灭线是 F_1F_X，将这两条灭线延长相交于 V_1，连接点 A、V_1，与 BF_L 交于点 B_P。过水平阴线 BC 的光平面的灭线，是该水平阴线的灭点 F_Y 与光线灭点 F_L 的连线；它与坡屋面灭线的交点 V_2，就是该水平阴线在前屋面上落影的灭点。

求小屋在基面上的落影：过屋面上两条斜脊的光平面灭线，是两条斜脊的灭点 F_1 及 F_2 与光线灭点 F_L 的连线；它与基面的灭线(即视平线)的交点 V_3 和 V_4，分别是它们在基面上落影的灭点。

如果 F_1 太远，无法利用斜面的灭线时，就只能按求一般位置直线与平面的交点的方法逐个求出各处落影的顶点，但作图准确性会降低。

5. 逆光下透视图中的阴影

在两点透视图中，当光线的灭点落在形体两个主灭点的外侧时，在透视图上形体的两个可见立面中有一个为阳面，另一个为阴面，如图 4-26(a)所示；当光线的灭点落在两个主灭点之间时，则在透视图上两个可见立面均为阴面，如图 4-26(b)所示。

在一点透视图中，可见的主向正立面为阴面，当可见的主向侧立面位于背光的一侧时，可见的主向侧立面为阴面，如图 4-26(c)所示反之亦然。

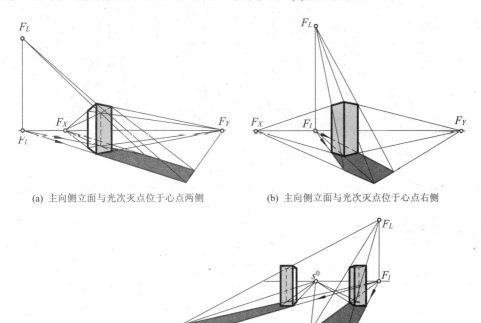

(a) 主向侧立面与光次灭点位于心点两侧

(b) 主向侧立面与光次灭点位于心点右侧

(c) 一点透视中，逆光光线的灭点与心点在相对立体的不同位置

图 4-26　逆光下判断铅垂面的阴阳

例 4-6　如图 4-27 所示，求逆光下室内的阴影。

分析　当选定光线的灭点 F_l、F_L 后，可据此判断出该入口处各主向侧立面的阴阳面及阴线，然后求出门洞上任一点 A 的落影，就可求出门洞线及墙角线的落影。

作图　由任取的一点 A 及其基透视 a，可按落影规律，分别与 F_L 及 F_l 相连即可得到点 A 的落影 A_G。过 A_G 作基线平行线，即为门洞外边线在地面上的落影。

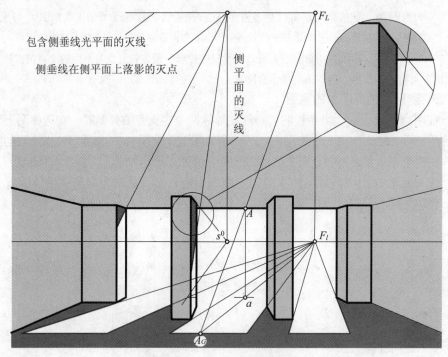

图 4-27 逆光下室内的阴影

门洞柱子落在室内地面上的落影是直接利用光线基灭点 F_L 求出柱子的影线,参照图 4-26。

4.2 倒影

在静止的水面、积水的路面或光滑的地面上可以看到与物体对称颠倒的图像,这种颠倒的图像称为倒影。在亲水建筑物的透视图上再绘出倒影,可以渲染特定的环境气氛,扩大视野,加强透视图的真实感和艺术效果,如图 4-28 所示。

根据物理学的平面镜入射角等于出射角的成像原理,人站在岸边观望对岸的灯柱时,同时也能看到灯柱在水中的倒影,即以水面为对称面的对称图形。如图 4-29 所示,在透视图中这两个互相对称的图形符合透视规律。

对称图形具有如下特点。

(1) 对称点的连线垂直于对称面。

(2) 对称点到对称面的距离相等。如图 4-29 所示,连 F_Y1 并延长,交岸壁线于点 2。过点 2 作铅垂线,交水面于点 3。连 $3F_Y$,延长 $A1$ 直线与 $3F_Y$ 交于点 5。点 5 即为对称中心。向下量取 $5A_1=5A$,即得灯柱的倒影。

图 4-28 某大学建筑物水边倒影图

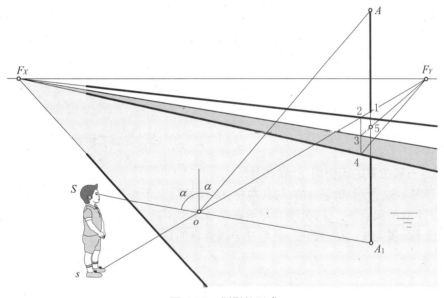

图 4-29 倒影的形成

由此可知,当形体及其环境的透视作出之后,就可确定一些特征点,再采用对称图形的简捷画法,作出倒影的对称点、线,并按透视关系连接起来,即可作出倒影的透视。

4.2.1 点的倒影

空间点 A 与其在水中倒影 A_1 的连线是一条垂直于水平面的铅垂线。当画面是铅垂面时,空间点与其倒影对水面的对称中心点 1 的距离在透视图中仍保持相等,即 $1A=1A_1$,如图 4-30 所示。

4.2.2 直线的倒影

求出线段两端点的倒影，连线即可得到直线的倒影。也可应用消失规律作图。

1. 水平的画面相交线的倒影

如图 4-31 所示，倒影 A_1B_1 与其本身 AB 平行，消失于同一灭点 F，灭点在视平线上。12 为对称轴。

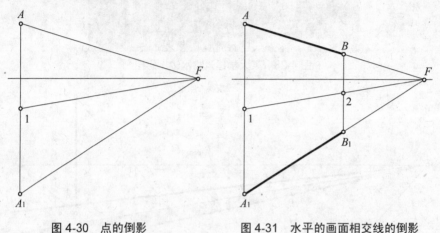

图 4-30 点的倒影　　图 4-31 水平的画面相交线的倒影

2. 一般位置的画面相交线的倒影

如图 4-32 所示，倒影 A_1B_1 与其本身 AB 延长后交于水面上同一点 3，倒影 A_1B_1 与 AB 本身的灭点 F_2、F_1 分别对称地在视平线上下两侧，对称轴 12 的灭点 F 在视平线上，并与 F_1、F_2 同在一条与视平线垂直的直线上。

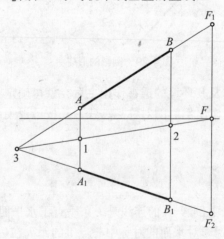

图 4-32　一般位置画面相交线的倒影

4.2.3 亲水建筑物的倒影

在透视图中作一物体的倒影，实际上就是作该物体对称于反射平面的对称图形的透视。

例 4-7 如图 4-33 所示，求建筑物的倒影。

作图 先作岸边倒影：岸壁转角棱线是铅垂的画面平行线，点 1 为对称中心点，铅垂向下量取 $1A=1A_1$，则点 A_1 就是点 A 的倒影。岸边两条水平线的倒影分别消失于对应灭点。

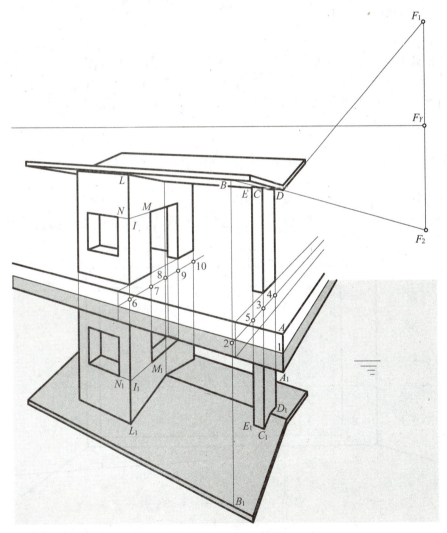

图 4-33 建筑物的倒影

求柱子倒影：延长柱子右侧面与地面的交线，交岸边线于一点，过该点作铅垂线与水面相交，将该点与 F_Y 相连，该直线即为对称轴。向下延长柱上的三条铅垂线与对称轴交于点 5、3、4，以交点 5、3、4 铅垂向下量取 $5E=5E_1$、$3C=3C_1$、$4D=4D_1$，得柱子的倒影。

用同样方法求小屋的倒影。

求折板屋面的倒影：延长柱子右侧面与前屋面的交线 F_2C，交檐口线于点 B，过点 B 作竖直线交 $5F_Y$ 的延长线为对称中心点 2，以点 2 铅垂向下量取 $2B_1=2B$ 得其倒影。用相同方法作出其他特征点的对称点、线，并按透视关系连接起来。

4.3 镜像

在镜面、门窗玻璃或玻璃幕墙所看到物体的反像，称为镜像。镜像是以镜面为对称面而形成的与形体图像对称的虚像。在透视图中求作形体的镜像与求倒影的镜像一样，所不同的是，要画出该形体对称于对称面反射(镜面)的对称图形的透视，随着镜面位置的不同，其透视作图方法也不同。

4.3.1 当镜面与基面垂直、与画面平行时

图 4-34 所示为室内一点透视，镜面与基面垂直、与画面平行。设空间有一点 A，求它在该镜面中的虚像。此时，分别过点 A 和点 a 作镜面的垂直线，两线的

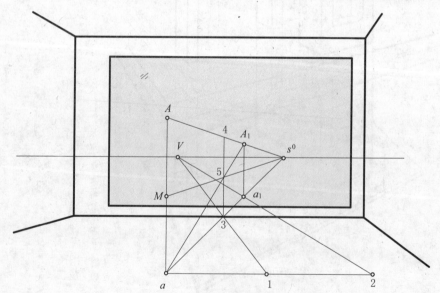

图 4-34 一点透视中点的镜像的作法

共同灭点为心点 s^0，两线所组成的平面与镜面所在墙面交得对称轴 34，假设镜像已作出，则 Aaa_1A_1 是矩形，连 Aa 的中点 M 与心点，与对称轴 34 相交，得对称中心点 5。再利用分比法或对称中心法作出点 A 和点 a 的镜像。连接点 a 与点 5 交 As^0 于点 A_1。或过点 a 作基线的平行线，在其上定出两等分点 1 与点 2，连接 13，交视平线得灭点 V。连接该灭点 V 与点 2，交 as^0 于点 a_1，过点 a_1 作竖直线与 As^0 交于点 A_1。

例 4-8　如图 4-35 所示，作室内一点透视的镜像。

分析与作图　两侧墙角线就是对称轴，将门洞与窗洞的上下边线延长分别与墙角线相交于 12、54，取线段 12、54 的中点 3、6，分别与门洞和窗洞的矩形顶点相连，定出门洞与窗洞的镜像位置。其他细节按透视规律作出，如图 4-35 所示。

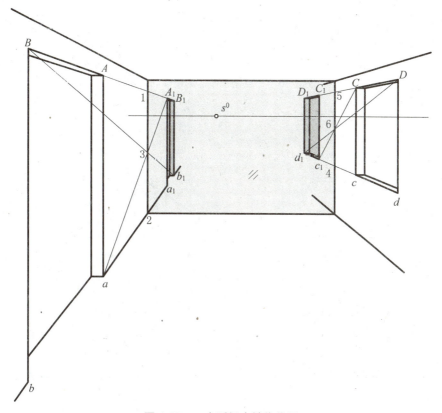

图 4-35　一点透视中镜像作图

4.3.2　当镜面与基面、画面都垂直时

如图 4-36 所示，镜面垂直于画面和基面，这样，空间点 A 与其虚像的连线是一条同时与画面、基面平行，即平行于基线的直线。空间直线 Aa 与

虚像 A_1a_1 组成的矩形平面垂直于基面，与画面平行，对称轴 12 垂直平分该矩形平面。

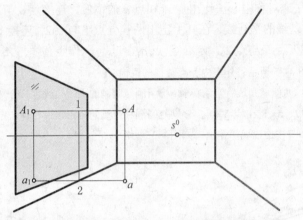

图 4-36　一点透视中点的镜像的作法

例 4-9　如图 4-37 所示，作室内一点透视的镜像。

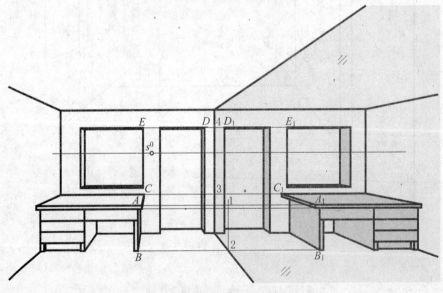

图 4-37　一点透视的镜像的作图

分析与作图　右侧墙面是镜面，墙角线就是对称轴，将门洞与窗洞的上下边线延长与墙角线相交，对称向右量取相等的距离 $4D=4D_1$、$4E=4E_1$，定出门洞与窗洞的镜像位置。其他细节按透视规律作出。延长书桌前端面与地面的交线和右侧墙面与地面的交线相交于点 2，过交点 2 作铅垂线 12，并以 12 为对称轴，对称向右量取相等的距离 $1A=1A_1$、$2B=2B_1$，定出书桌前端面的镜像位置。其他细节按透视规律作出。

4.3.3 当镜面与基面垂直、与画面倾斜时

图 4-38 所示为室内两点透视，镜面与基面垂直、与画面倾斜。设空间内有一点 A，求它在该镜面中的虚像。此时，过点 A 和点 a 作镜面的垂直线，分别消失于灭点 F_Y，与镜面所在墙面交得对称轴 12，取 Aa 的中点 M 与灭点 F_Y 相连，交对称轴 12 于矩形的对称中心点 3，连接点 a 与矩形的对称中心点 3 并延长交 AF_Y 于 A_1。

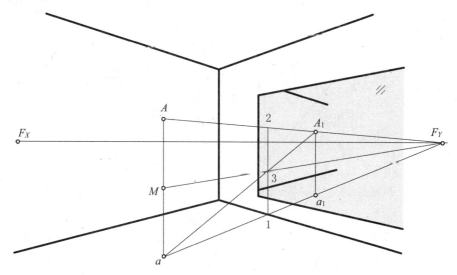

图 4-38　作室内两点透视中点的镜像的作法

例 4-10　如图 4-39 所示，作室内两点透视中的镜像。

分析与作图　图的右侧墙面是镜面，墙角线就是对称轴，将窗洞的上下边线延长与墙角线相交，取该线段的中点 M 与窗洞的矩形顶点相连，定出窗洞的镜像位置。其他细节按透视规律作出。

延长床与地面的交线 ba，和右侧墙面与地面的交线相交于点 1，过交点 1 作铅垂线，与床前端面的上边线 BA 的延长线相交于点 2。取该线段 12 的中点 3 与床的前端面的矩形顶点相连，定出前端面的镜像位置。其他细节按透视规律作出。

用同样方法可作出床头柜的镜像。

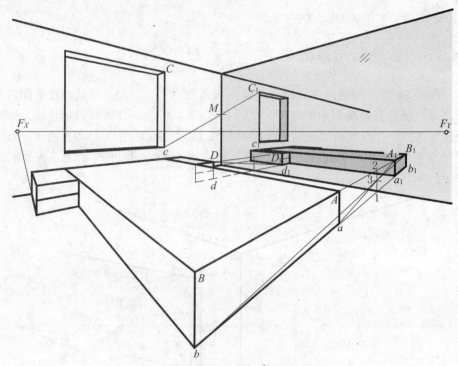

图 4-39 作室内两点透视中的镜像

思 考 题

1. 在透视图中形成阴影与在投影图中形成阴影的原理和作图有何异同?
2. 在透视图中加绘阴影采用的光线按其与画面的位置来分,可分为哪几类?其透视特性如何?
3. 在透视图中直线落影有哪些特性?与投影图中直线落影的特性有何异同?
4. 在透视图中加绘阴影常用到哪些方法?
5. 在与画面平行光线下,点在不同位置平面上的落影有何特点?
6. 在与画面平行光线下,各类直线在不同位置平面上的落影有何异同?
7. 在与画面相交光线下,点在不同位置平面上的落影的特点是什么?
8. 在与画面相交光线下,直线在不同位置平面上的落影的特点是什么?
9. 如何判断长方体在两类光线下的阴阳面?试举例。
10. 如何作点、各类直线的倒影?
11. 当镜面与画面处于不同的三个位置时,如何作出点的镜像?

阴影与透视

练习题

Exercise
Exercise
Exercise

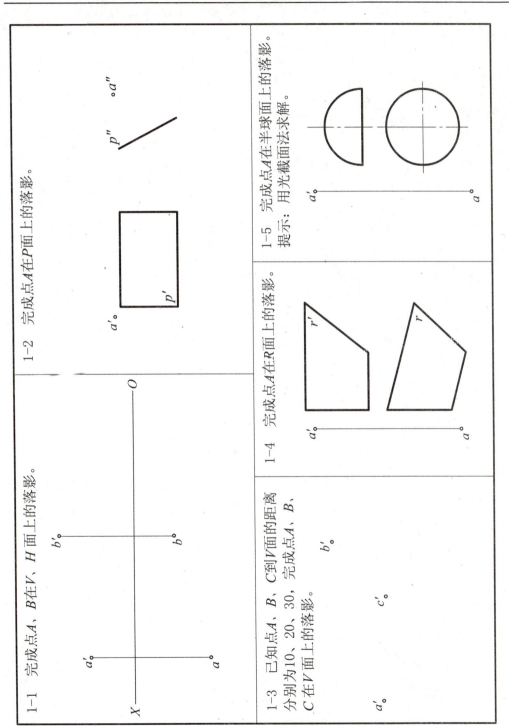

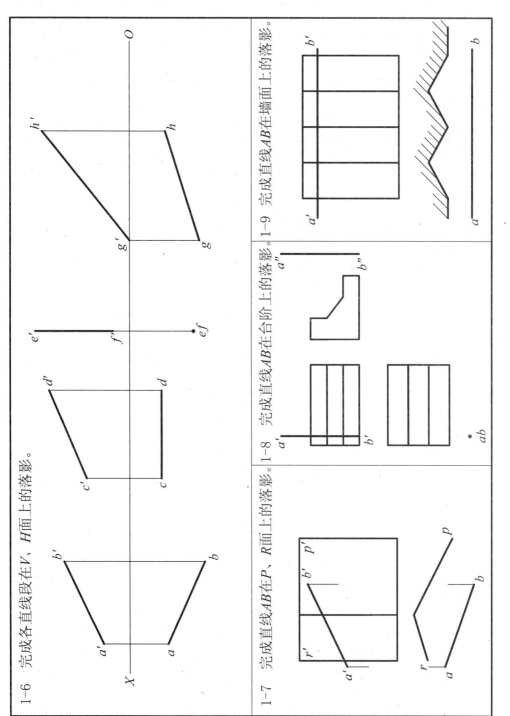

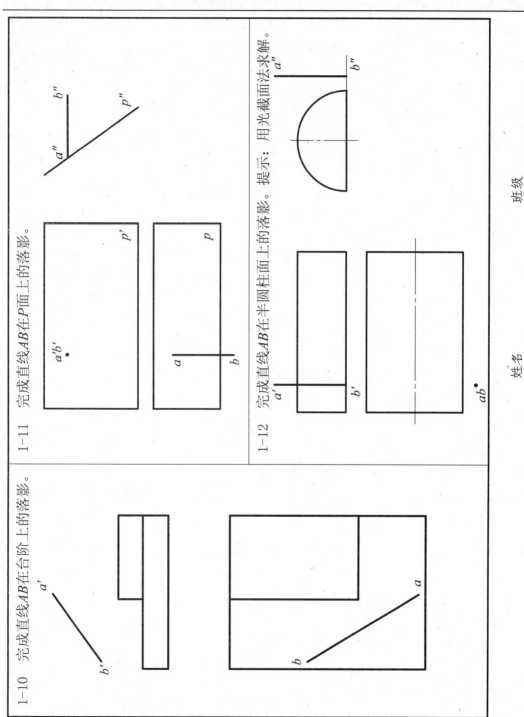

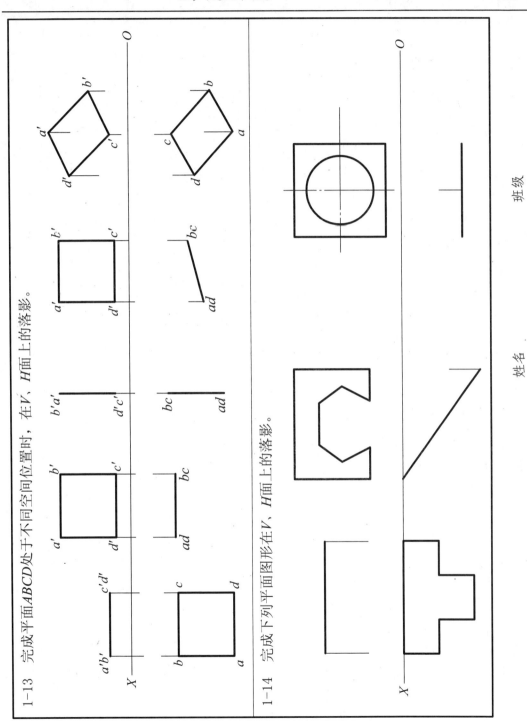

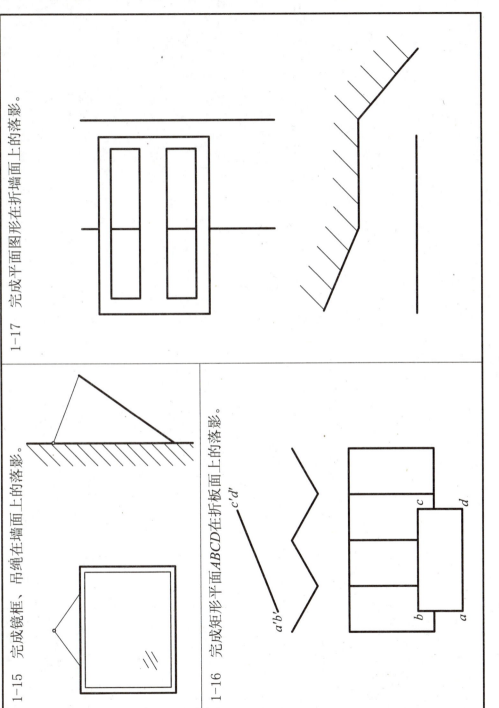

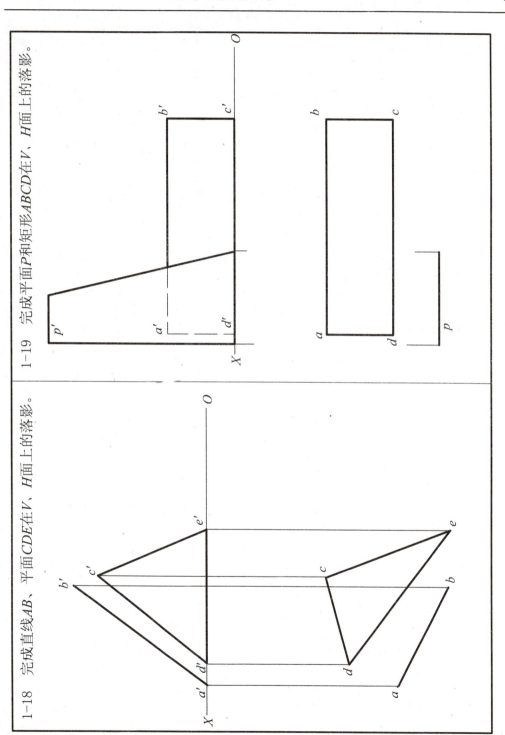

阴影与透视练习题

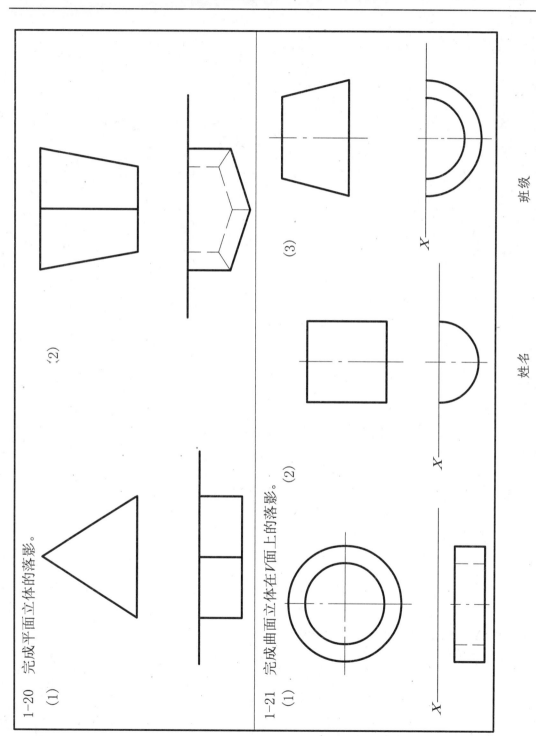

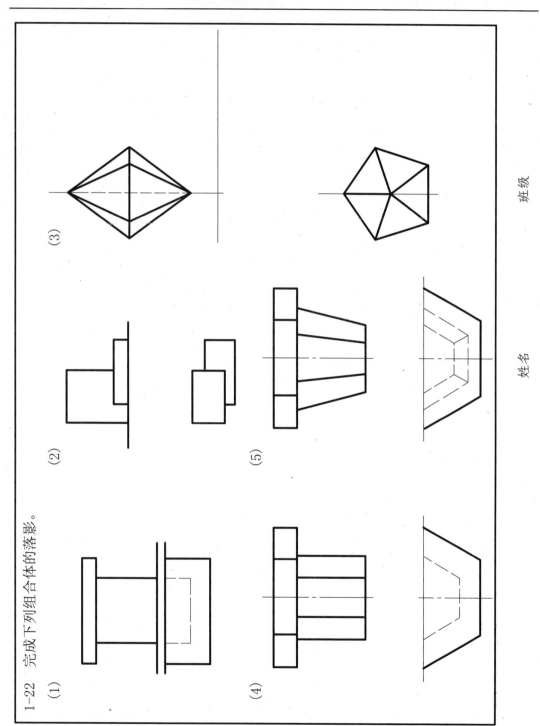

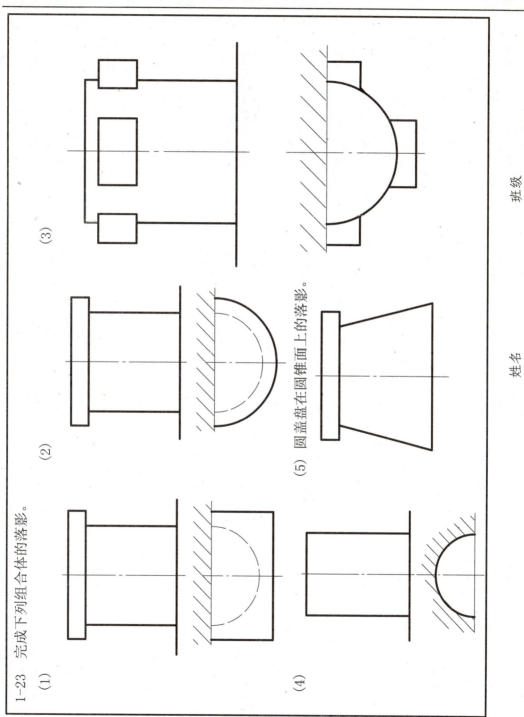

1-24 完成托斯康形式柱头的落影。

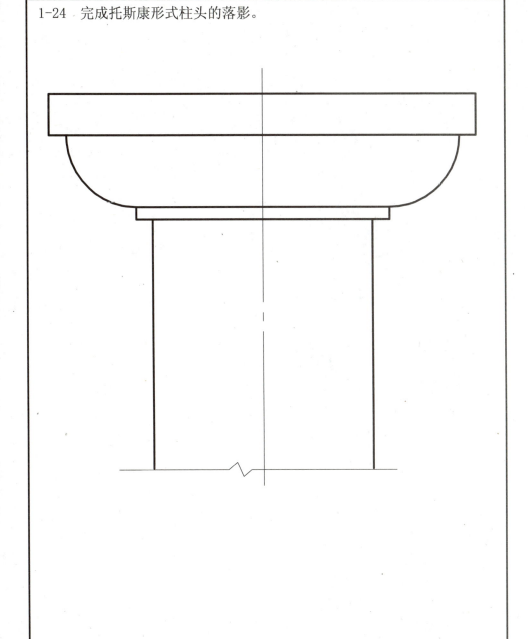

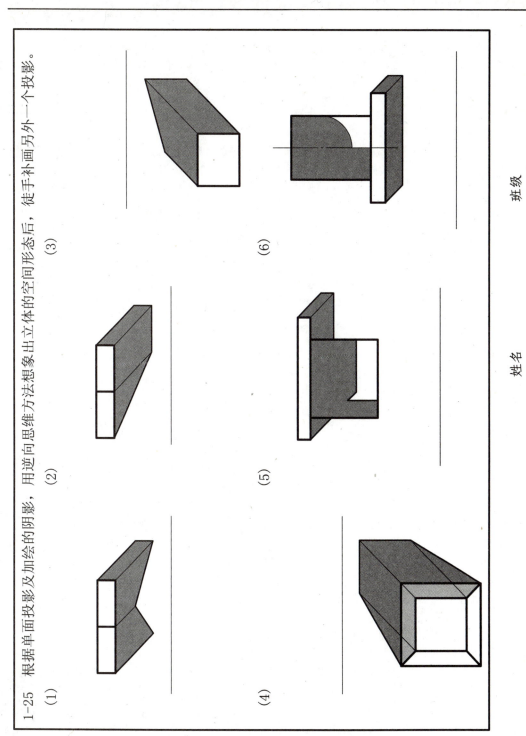

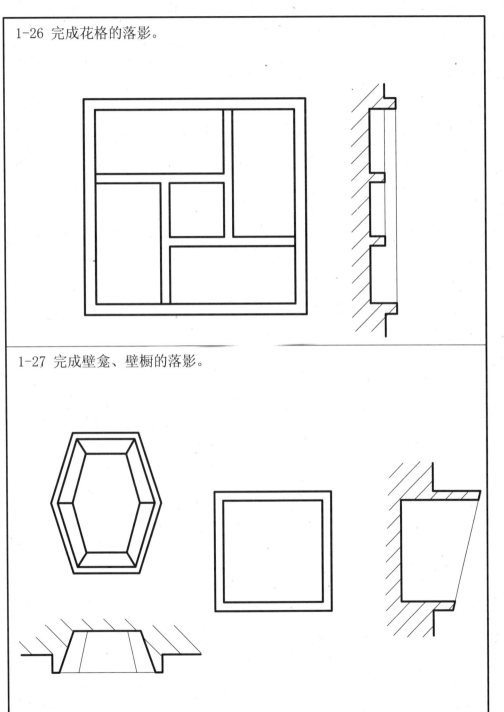

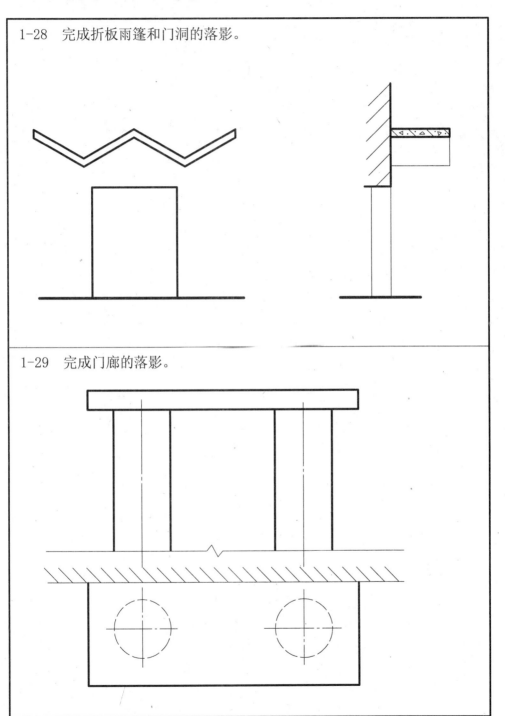

1-30 完成下列不同形式门洞的落影。

(1)

(2)

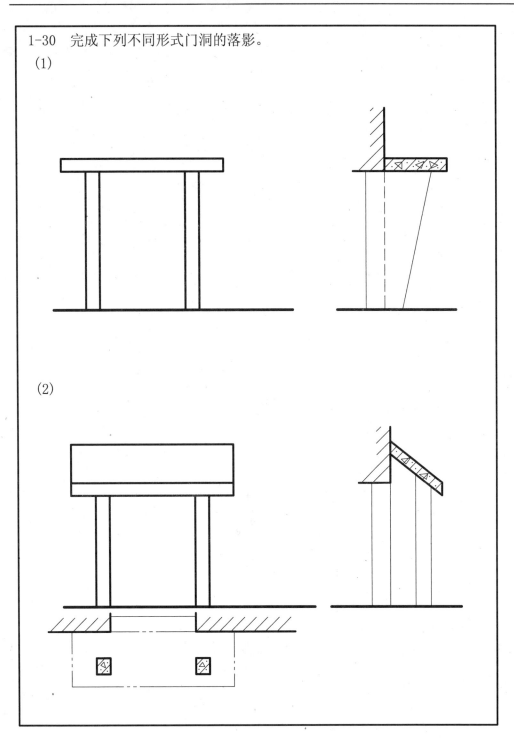

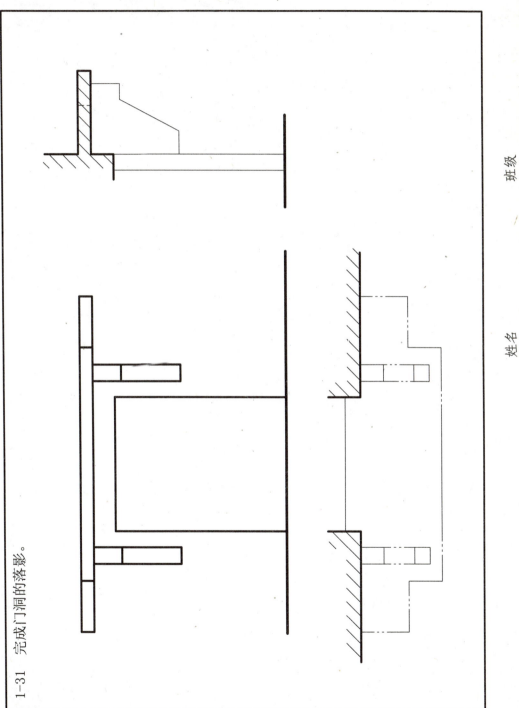

1-31 完成门洞的落影。

1-32 完成下列台阶的落影。

(1)

(2)

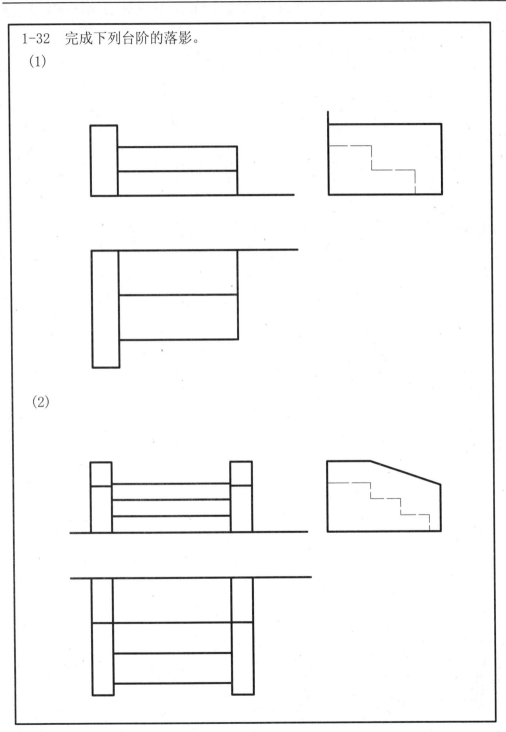

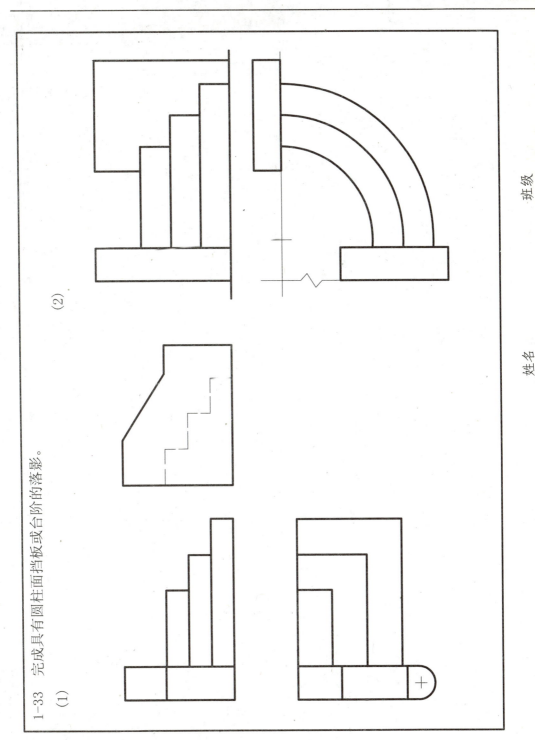

1-34　完成阳台及门廊的落影。

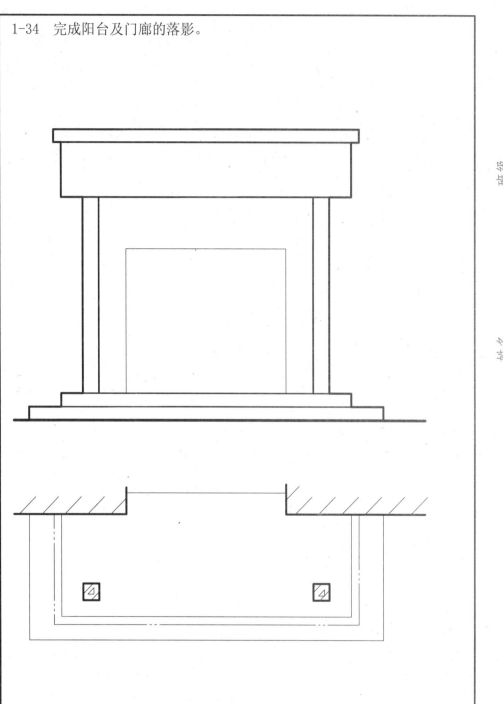

1-35 完成平顶房屋（四周出檐等距）的落影。

1-36 完成入门处的落影。

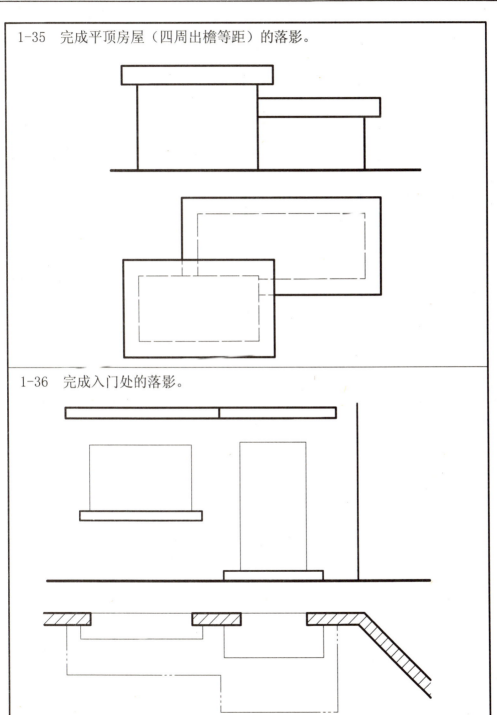

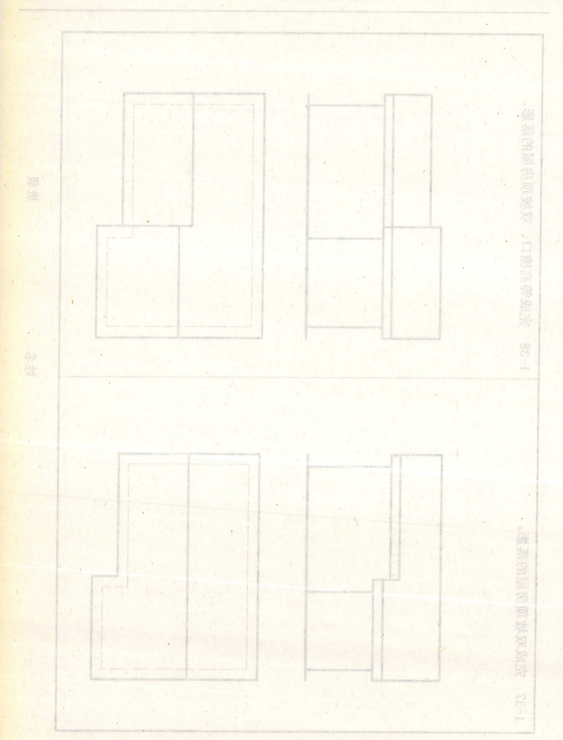

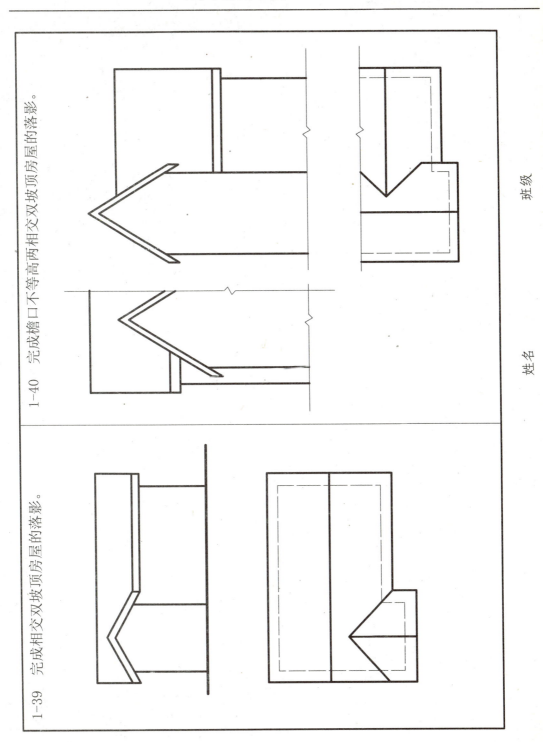

1-40 完成檐口不等高两相交双坡顶房屋的落影。

1-39 完成相交双坡顶房屋的落影。

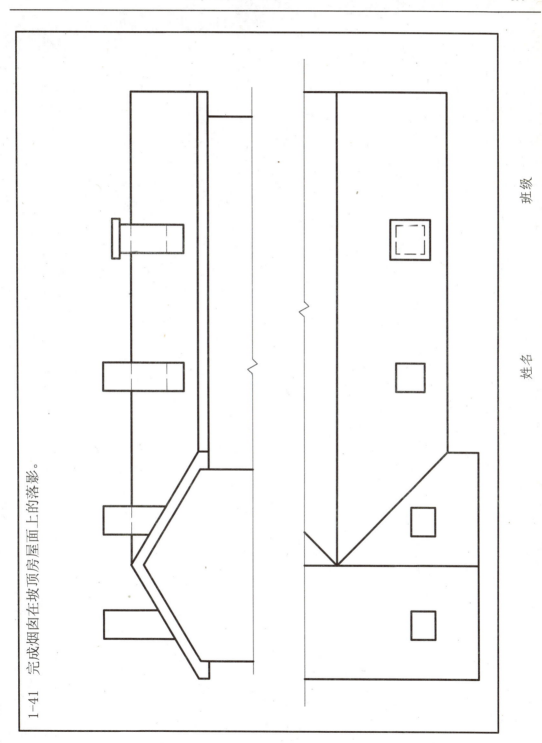

1-41 完成烟囱在坡顶房屋面上的落影。

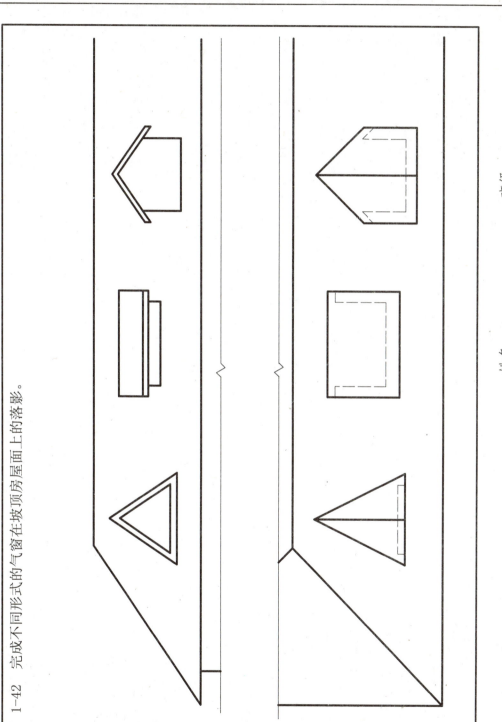

1-42 完成不同形式的气窗在坡顶房屋面上的落影。

阴影与透视练习题   203

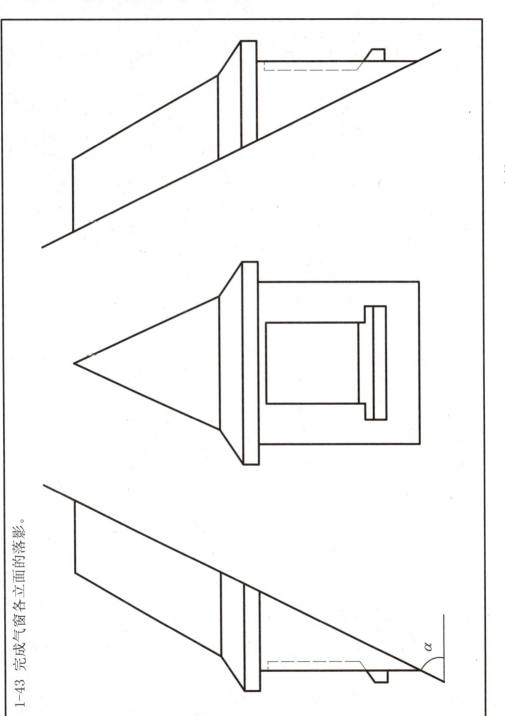

1-43 完成气窗各立面的落影。

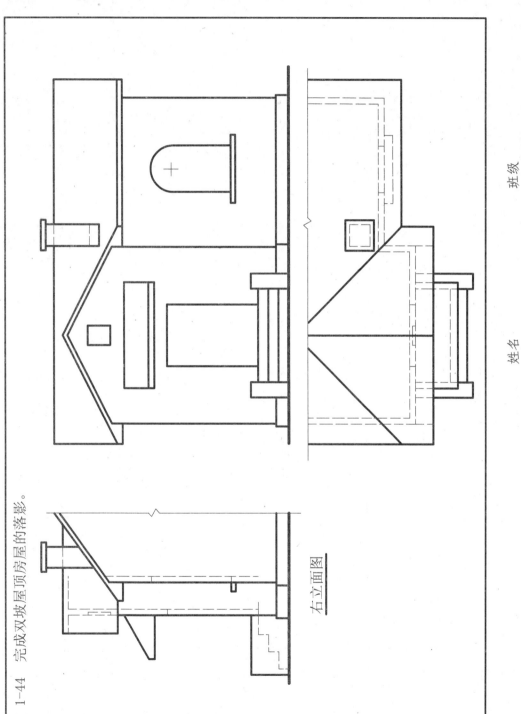

1-44 完成双坡屋顶房屋的落影。

右立面图

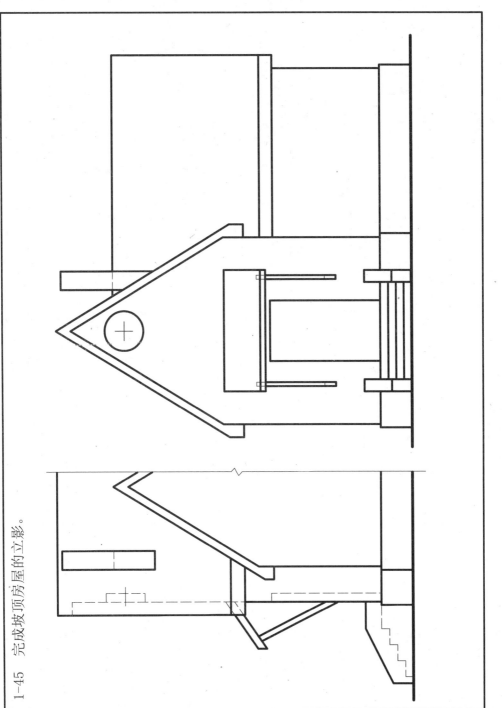

1-45 完成坡顶顶房屋的立影。

1-46 完成球体、圆柱体组成的建筑物的立影。

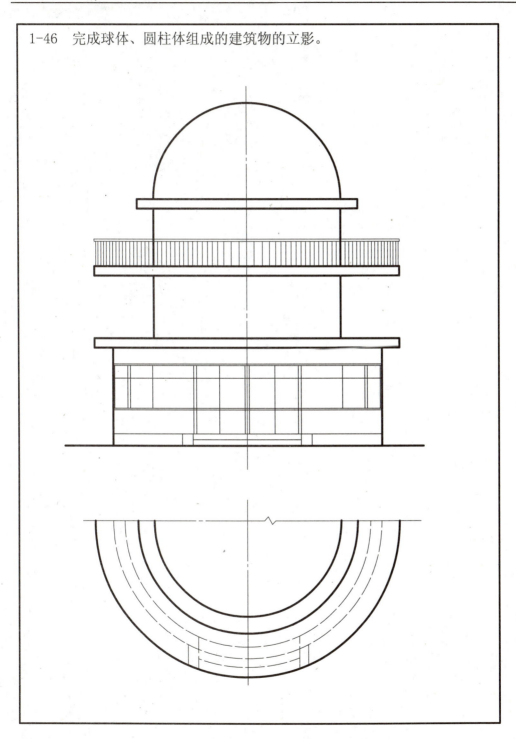

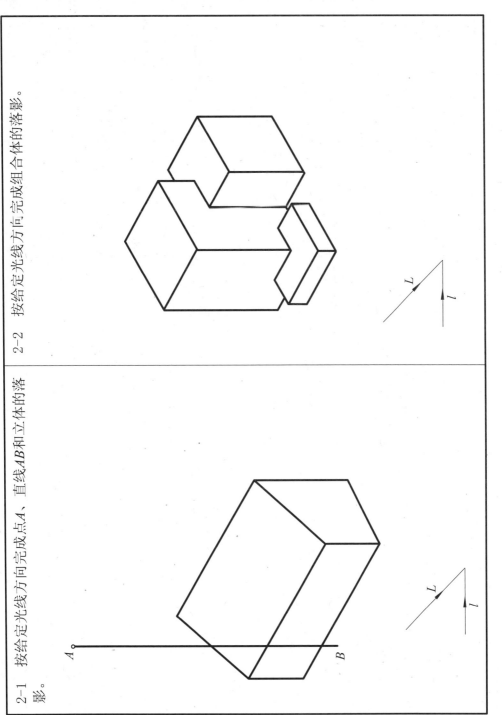

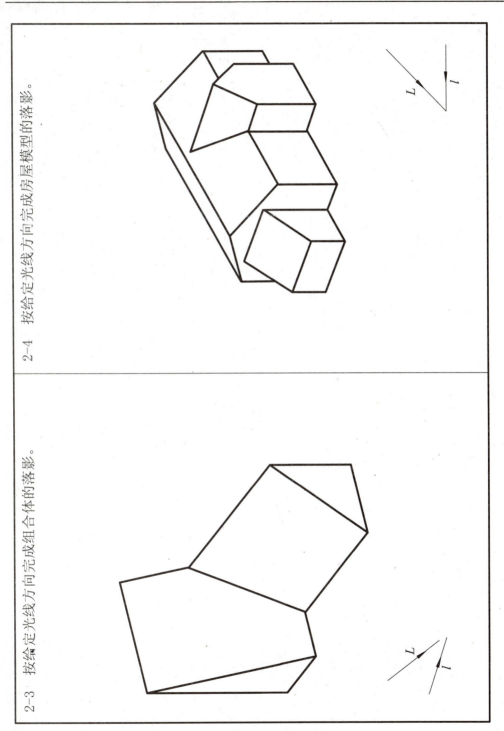

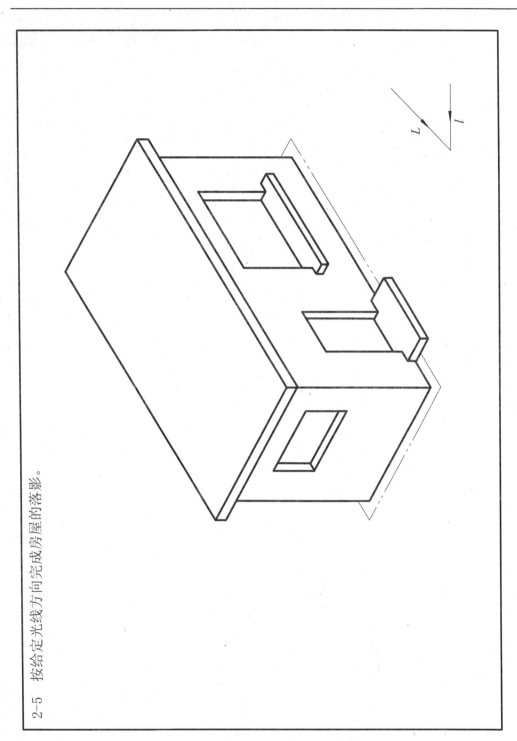

2-5 按给定光线方向完成房屋的落影。

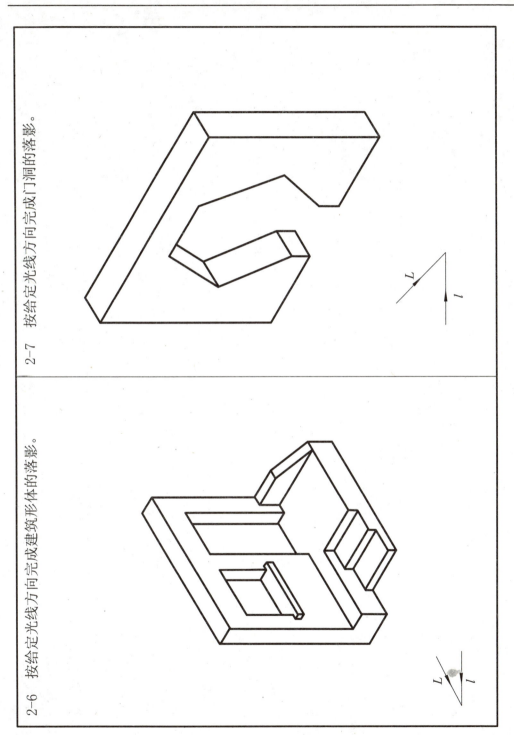

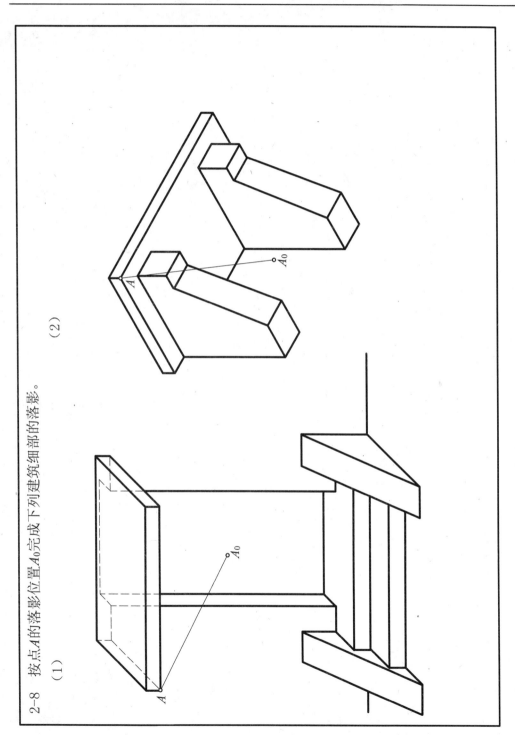

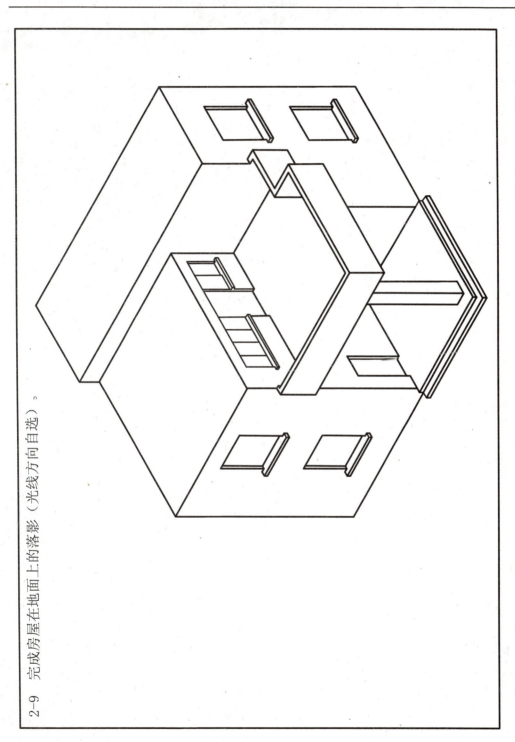

2-9 完成房屋在地面上的落影（光线方向自选）。

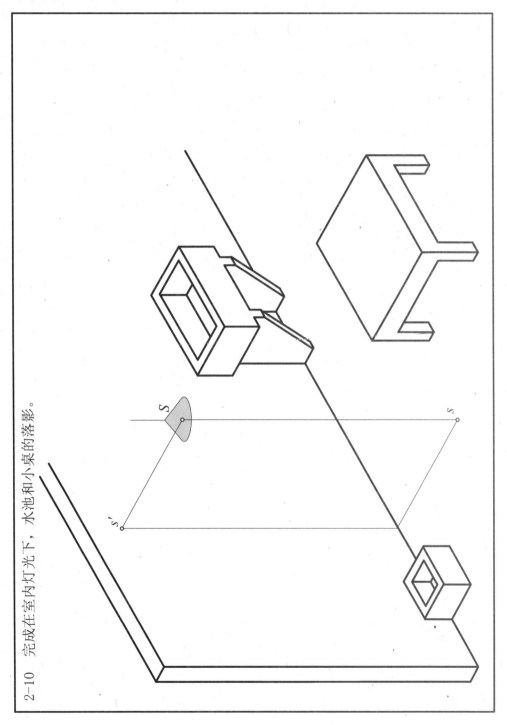

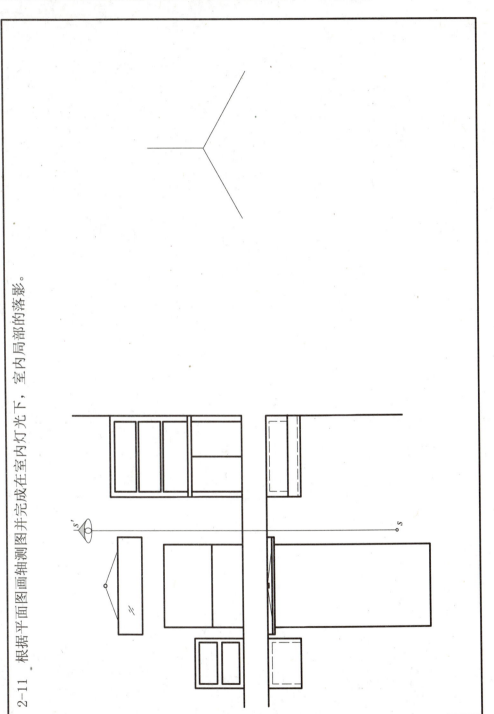

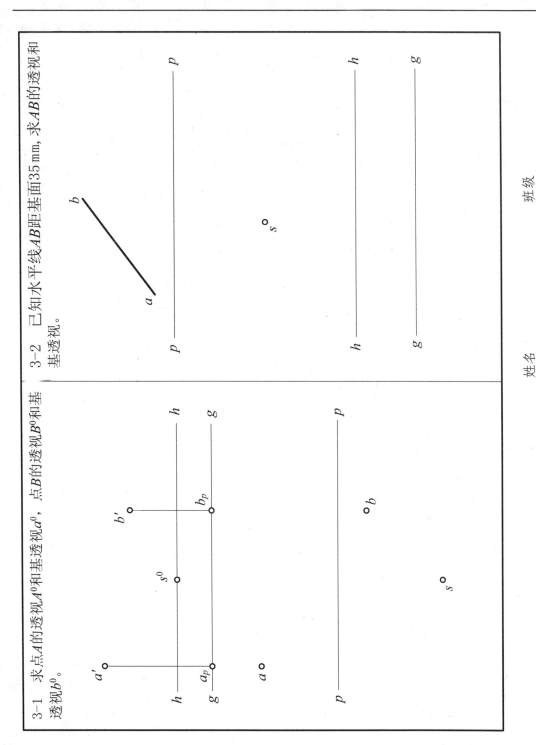

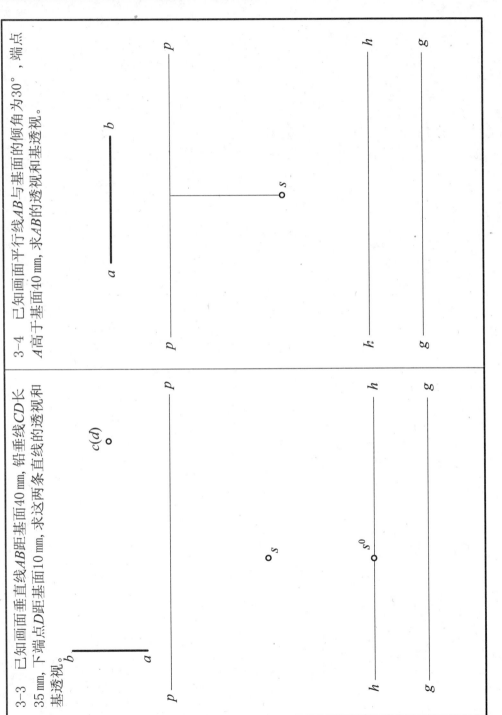

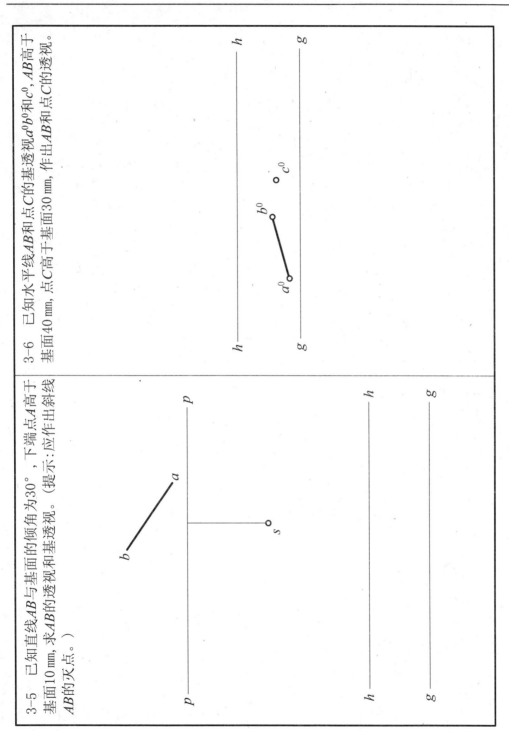

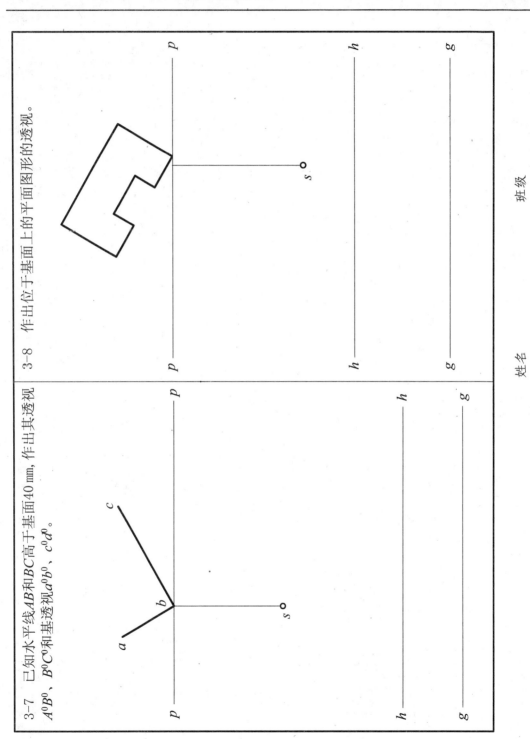

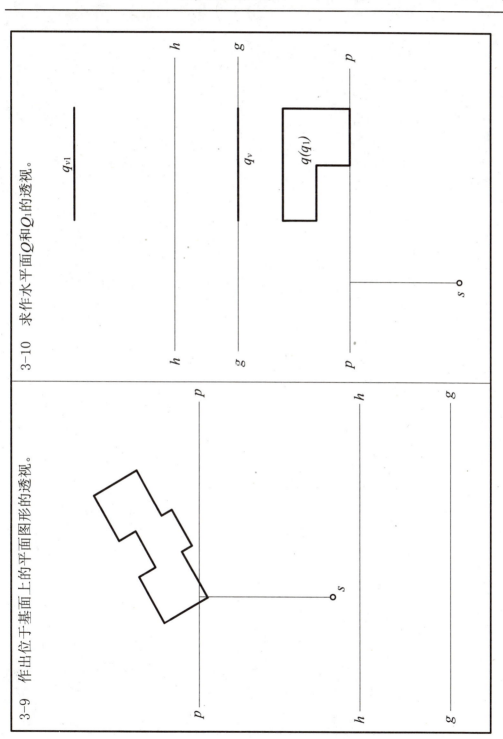

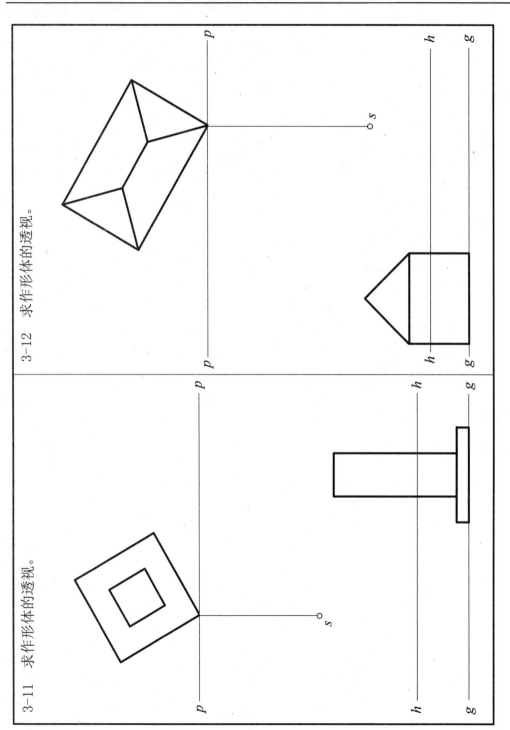

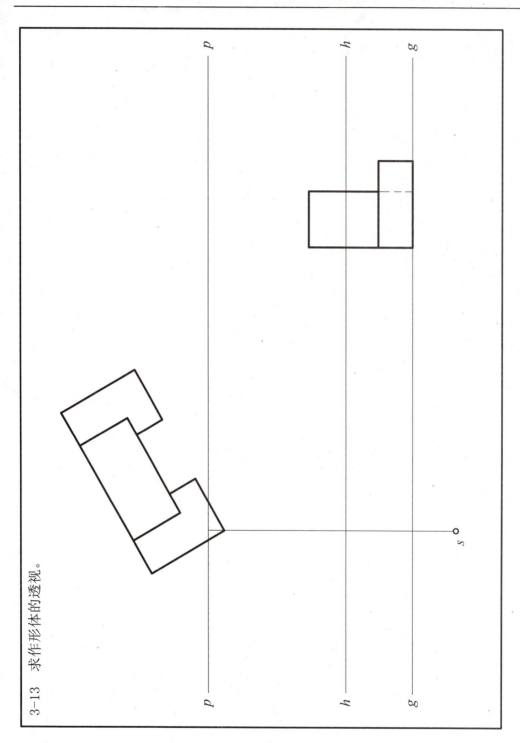

3-13 求作形体的透视。

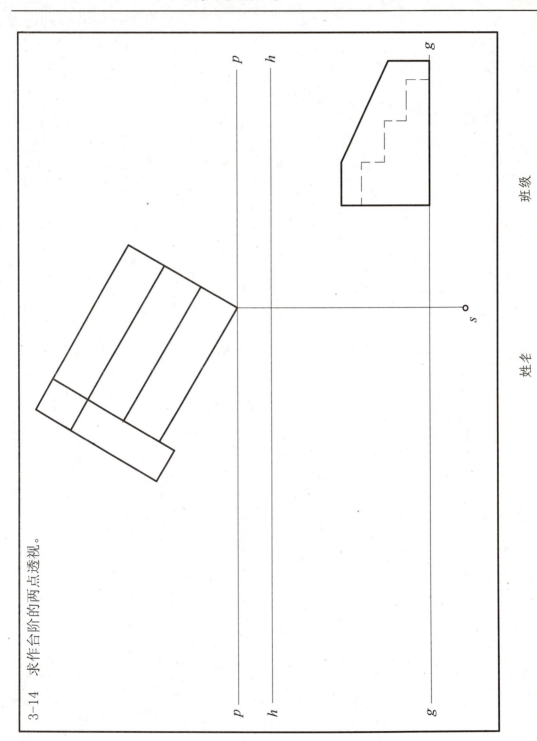

3-14 求作台阶的两点透视。

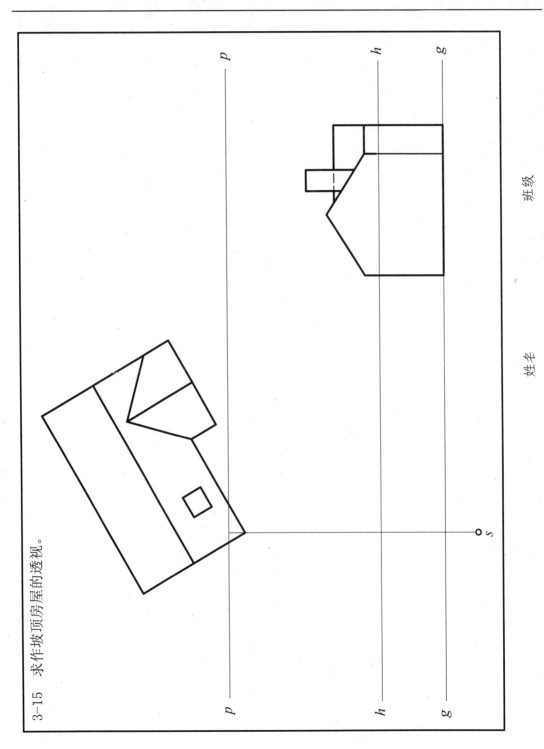

3-15 求作坡顶房屋的透视。

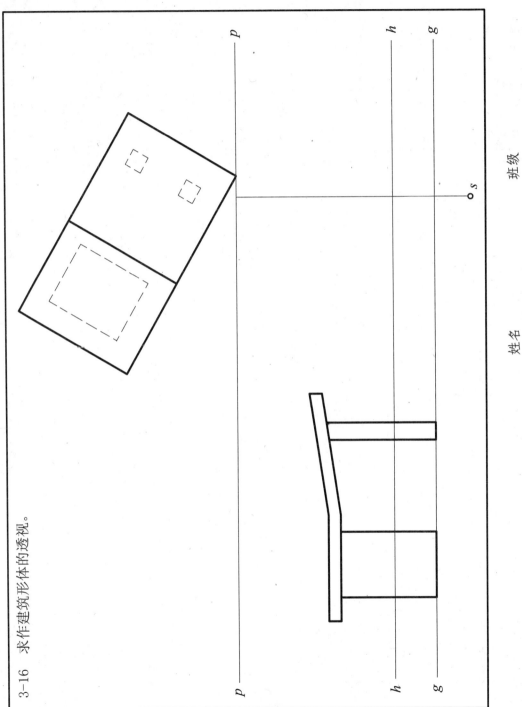

3-16 求作建筑形体的透视。

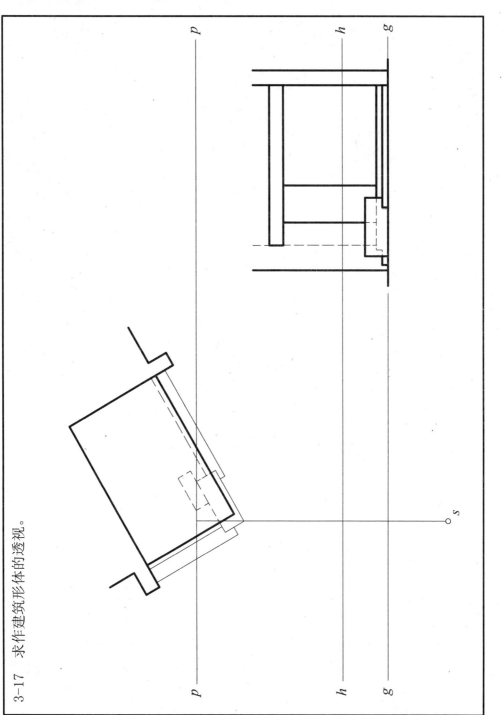

3-17 求作建筑形体的透视。

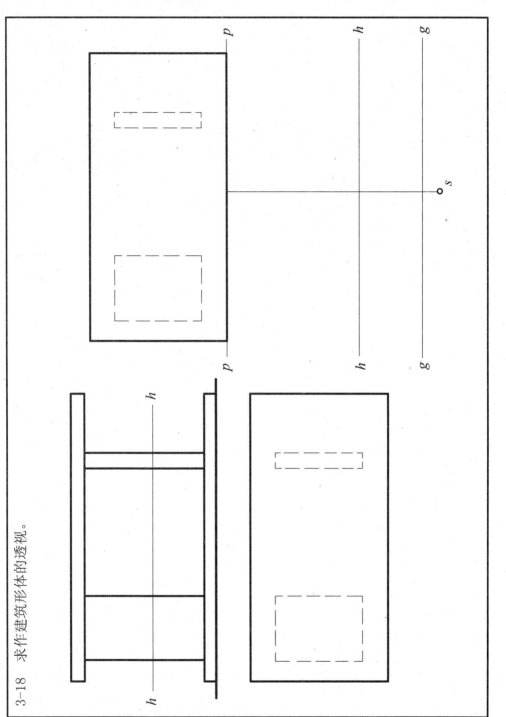

3-18 求作建筑形体的透视。

3-19 求作建筑形体的透视。

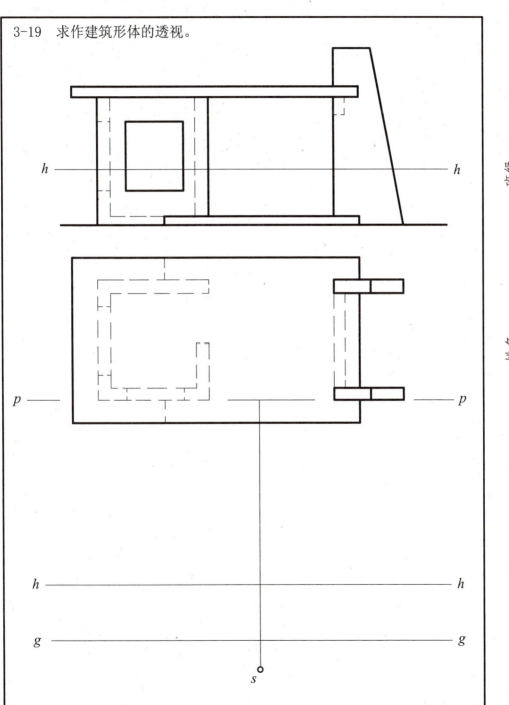

3-20 求作大厅的室内透视图(在另外的图纸上完成)。

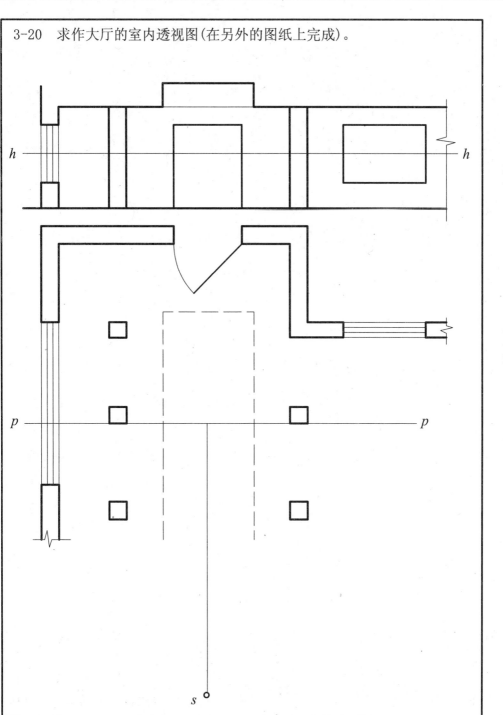

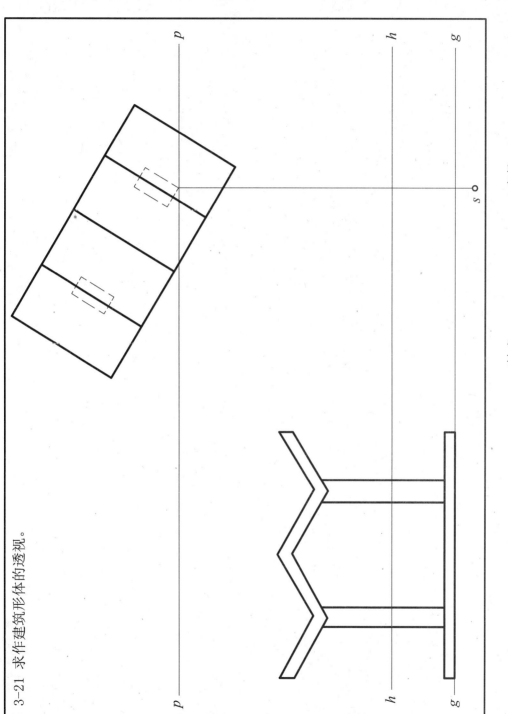

3-21 求作建筑形形体的透视。

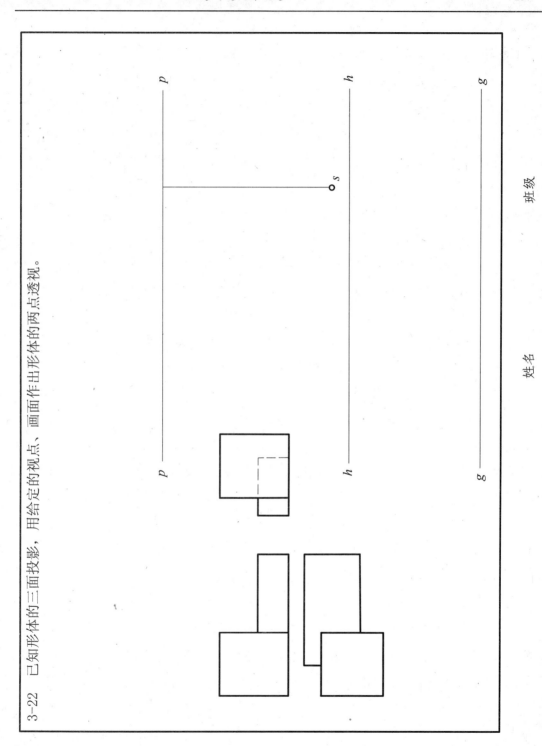

3-23 自定视点、画面，分别作出建筑形体的一点透视和两点透视（在另外的图纸上完成）。

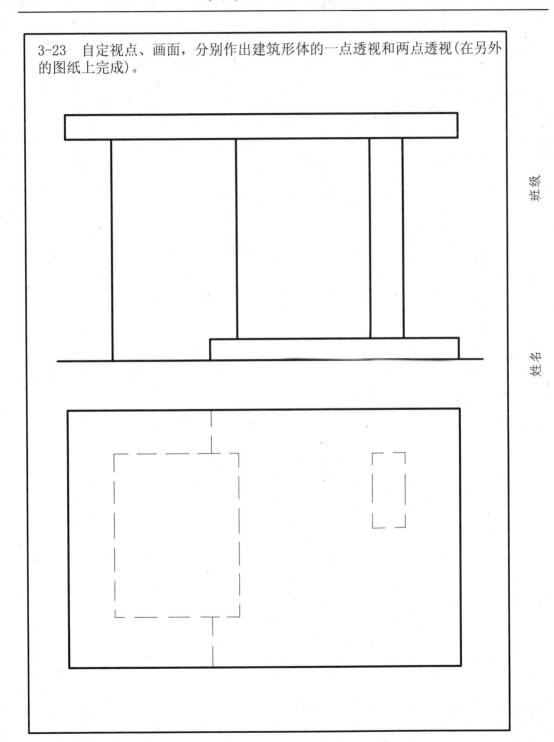

3-24 用量点法作建筑形体的透视(在另外的图纸上完成)。

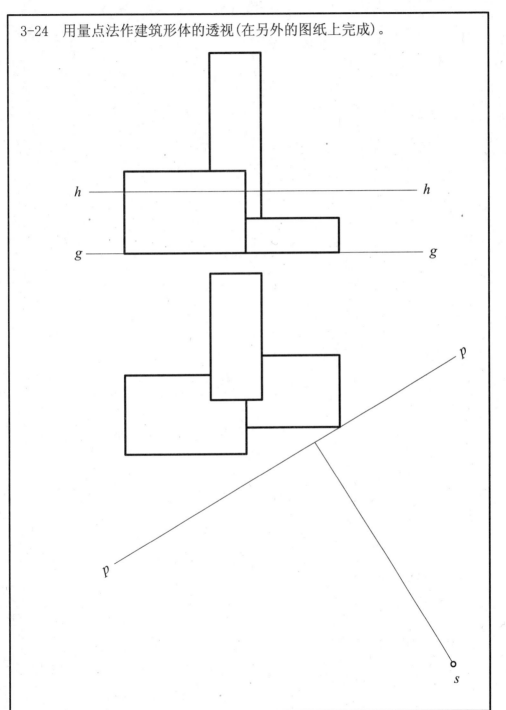

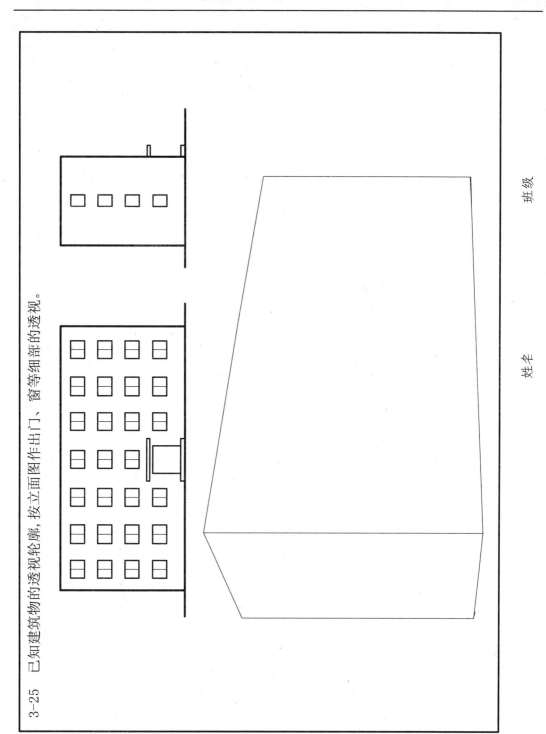

3-26 根据某建筑物的平面图和立面图，用网格法完成其一点透视。

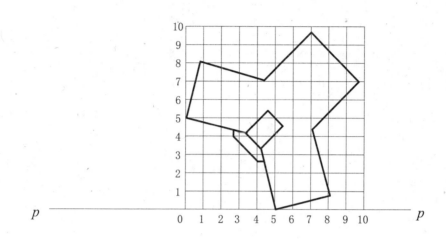

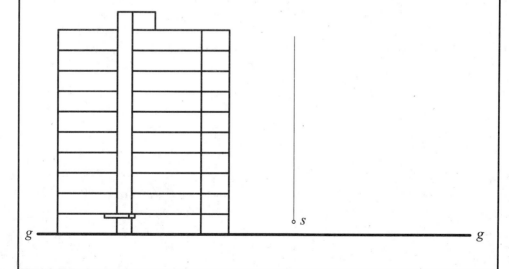

3-27 根据某教学楼群的平面图和立面图，用网格法放大一倍完成教学楼群两点透视。

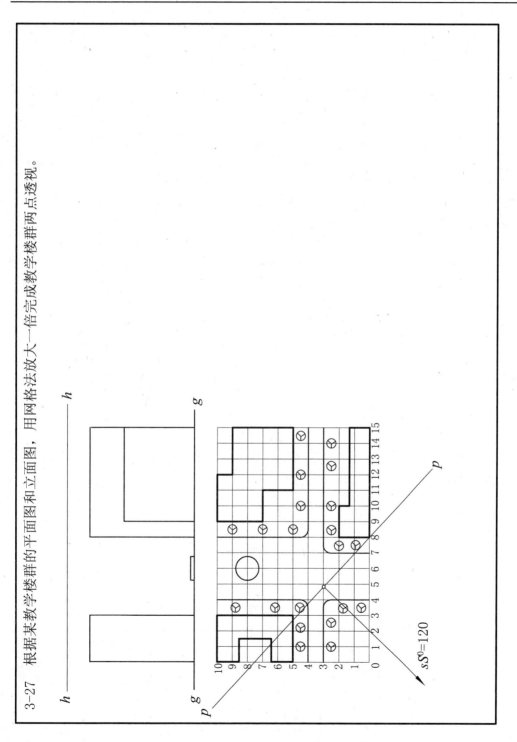

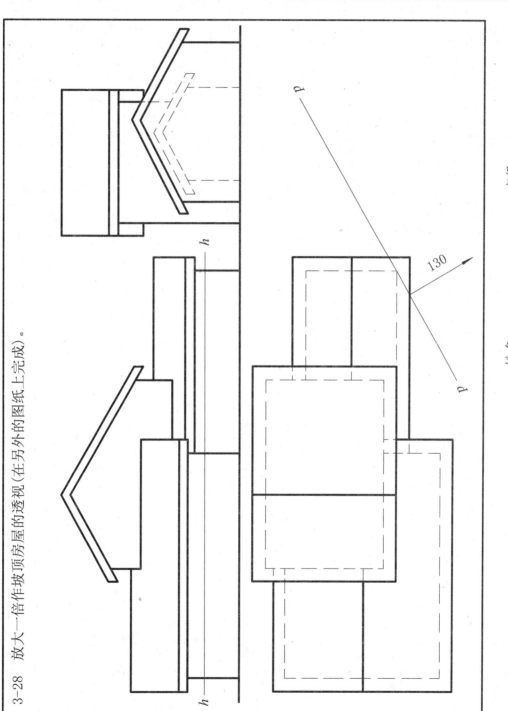

3-28 放大一倍作坡顶房屋的透视（在另外的图纸上完成）。

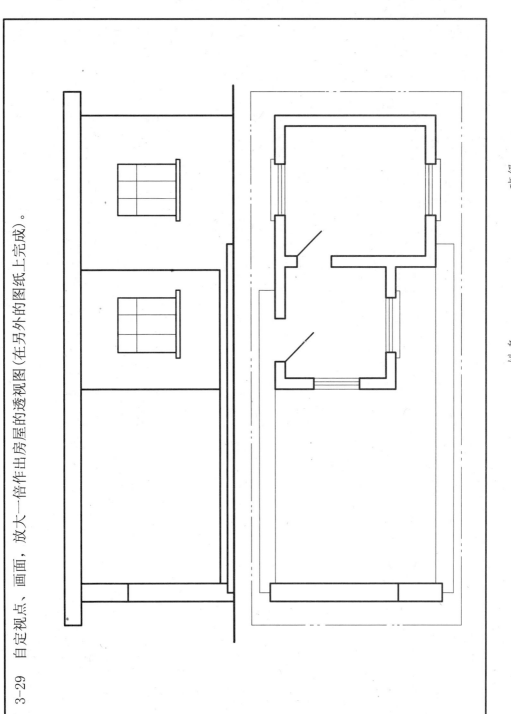

3-29 自定视点、画面，放大一倍作出房屋的透视图（在另外的图纸上完成）。

3-30 自定视点、画面，放大一倍作室内透视图(在另外的图纸上完成)。

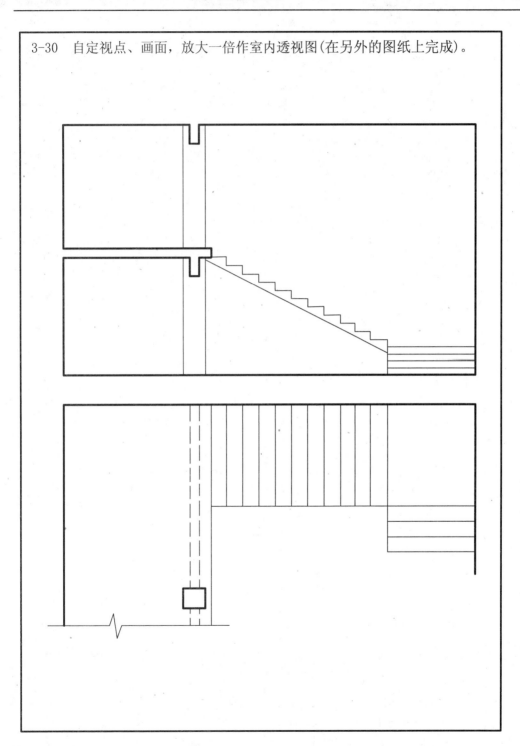

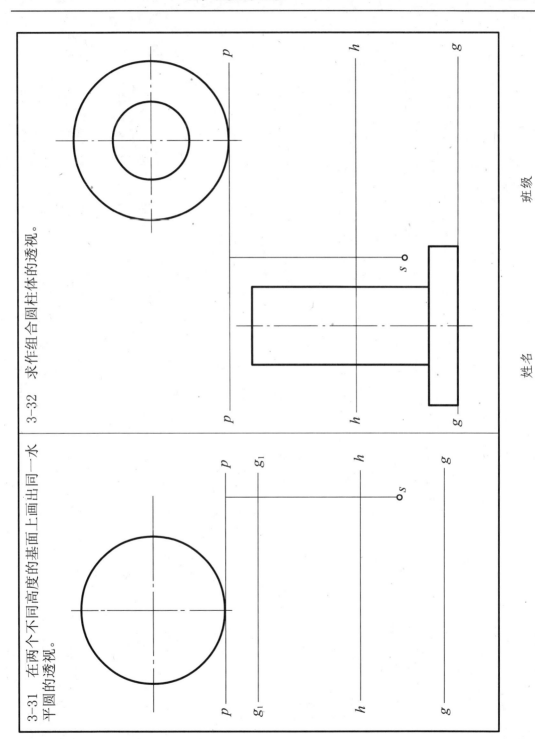

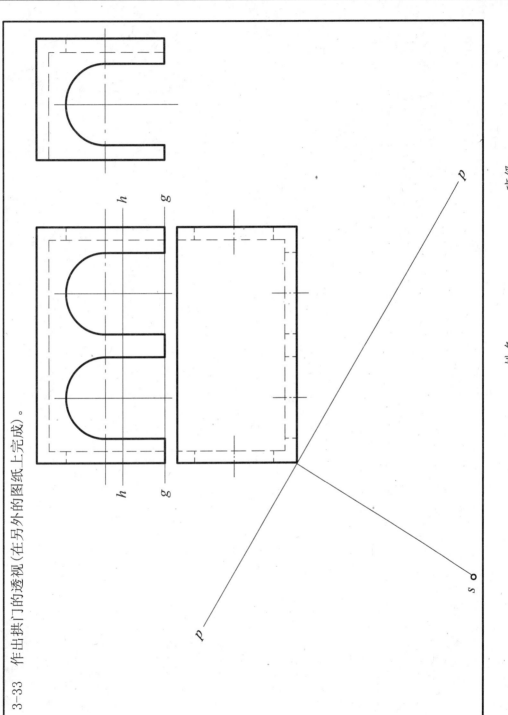

3-33 作出拱门的透视（在另外的图纸上完成）。

3-34 根据螺旋楼梯的平面图和立面图，放大一倍完成螺旋楼梯的透视图（在另外的图纸上完成）。

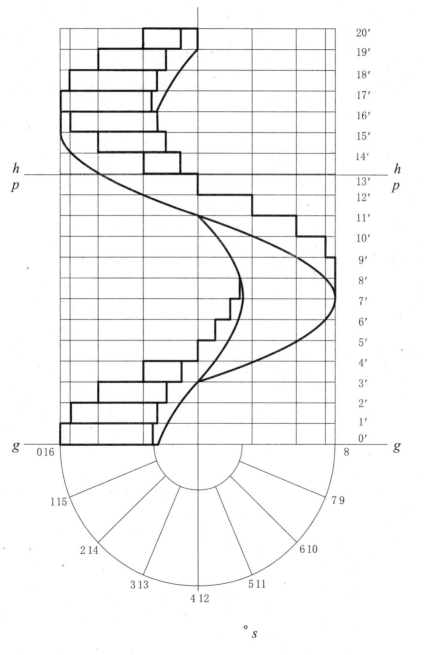

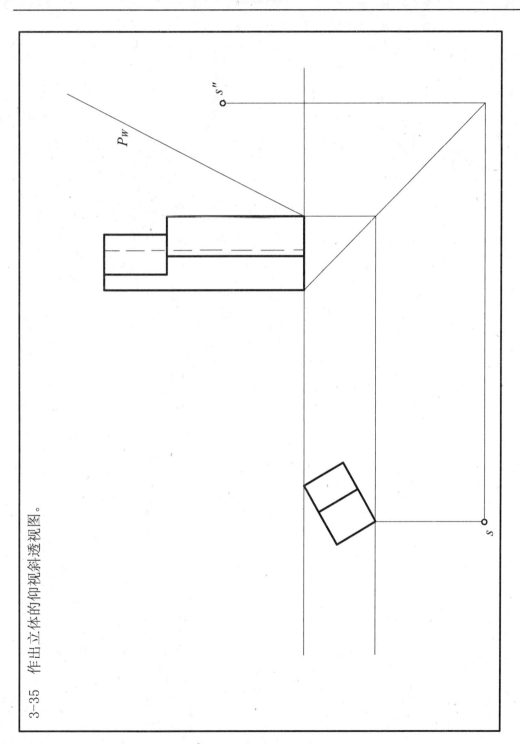

3-35 作出立体的仰视斜透视图。

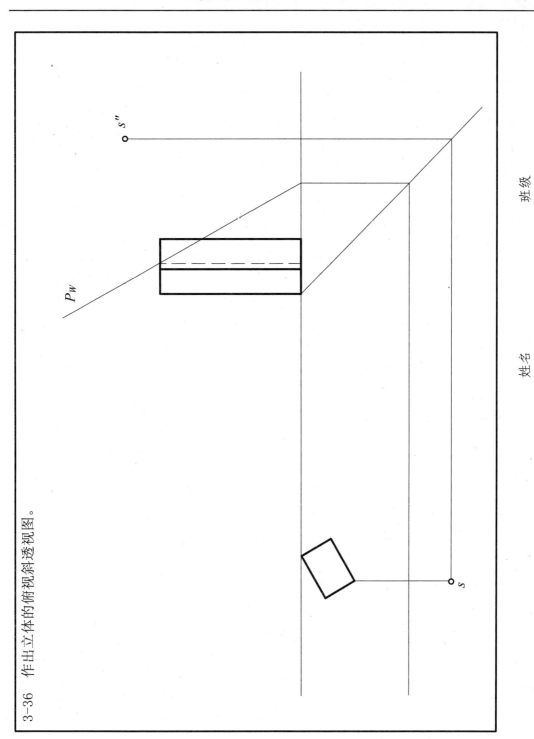

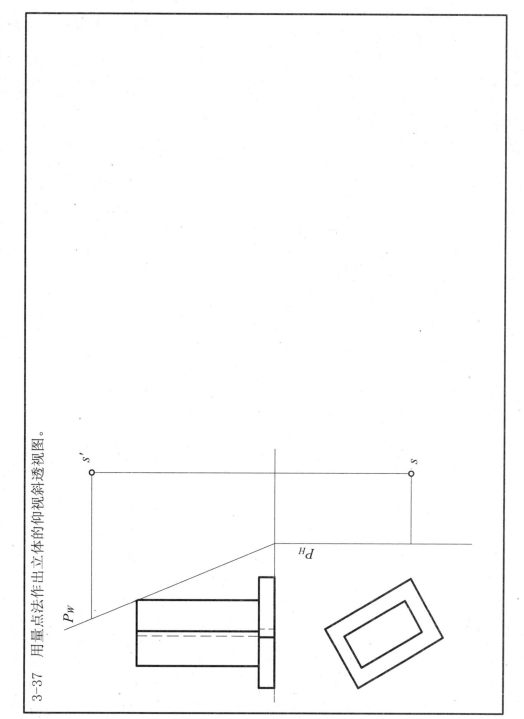

3-37 用量点法作出立体的仰视斜透视图。

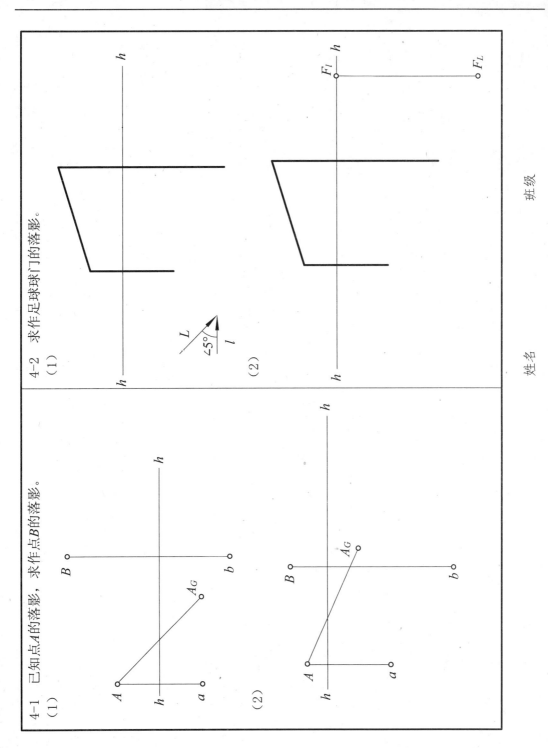

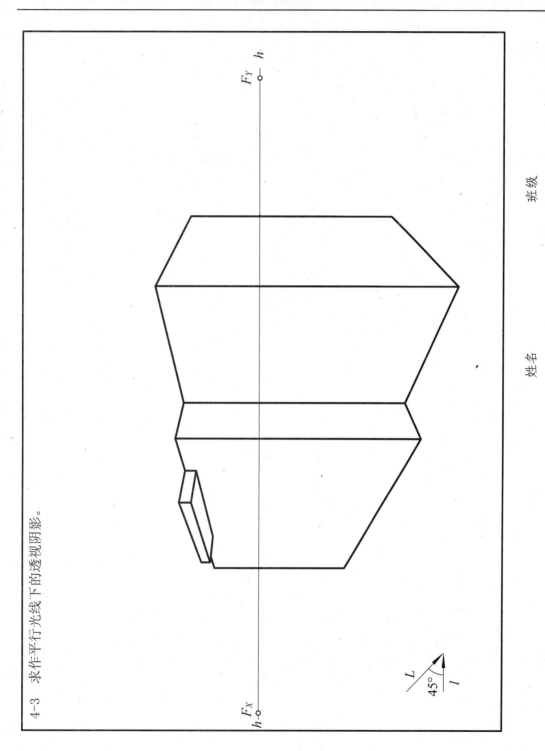

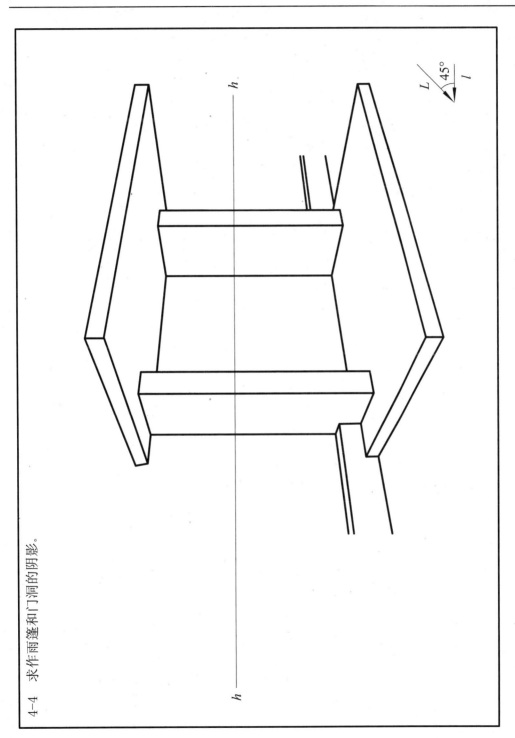

4-4 求作雨篷和门洞的阴影。

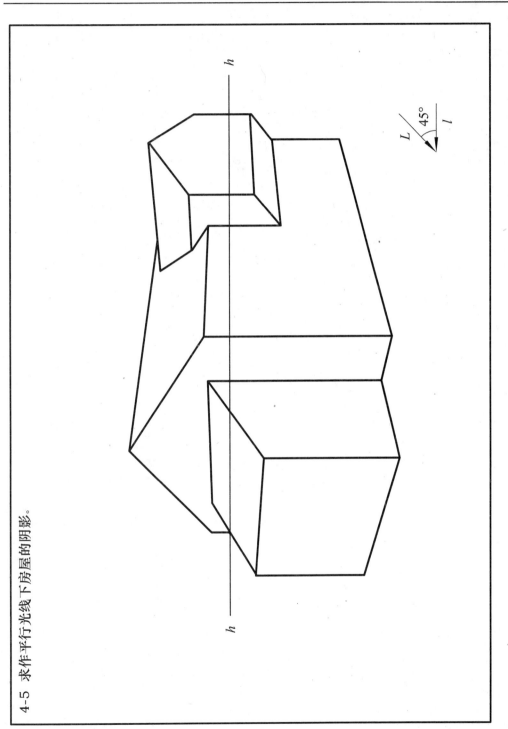

4-5 求作平行光线下房屋的阴影。

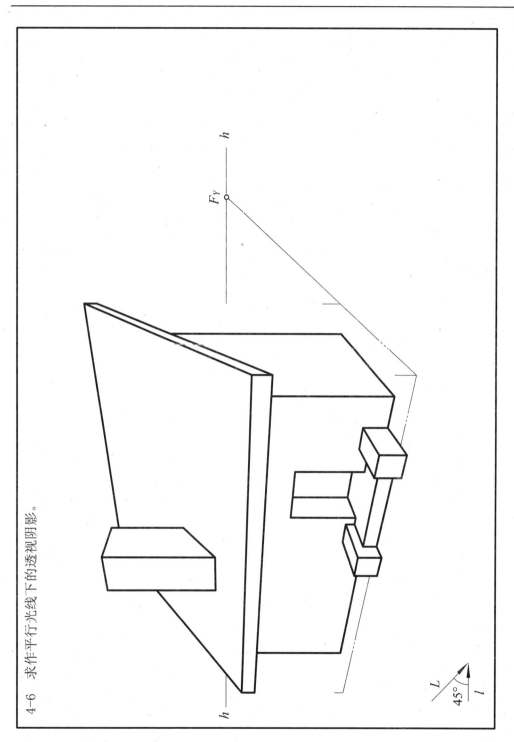

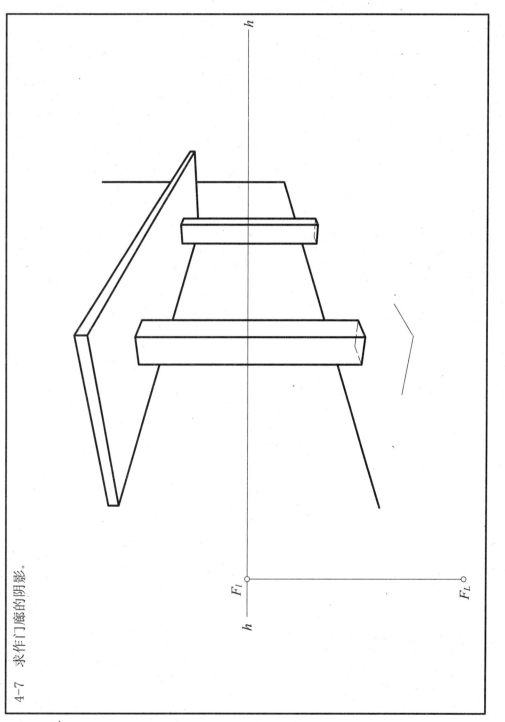

4-7 求作门廊的阴影。

4-8 已知点A的落影A_0，求作挑檐的阴影。

(1)

(2)

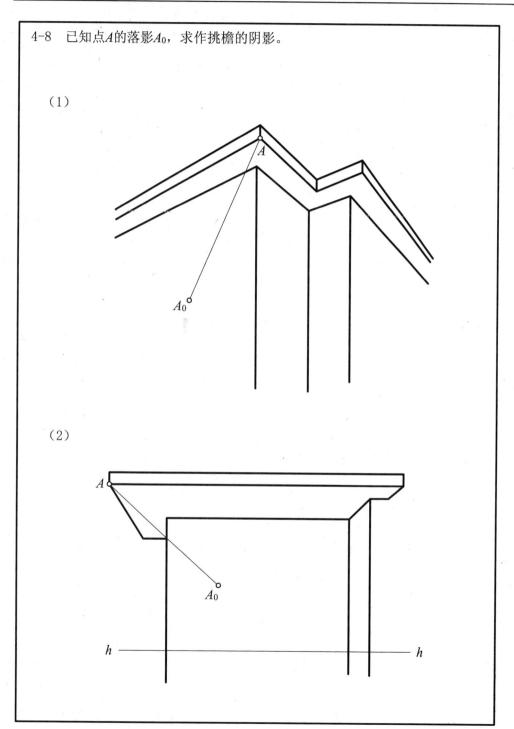

阴影与透视练习题

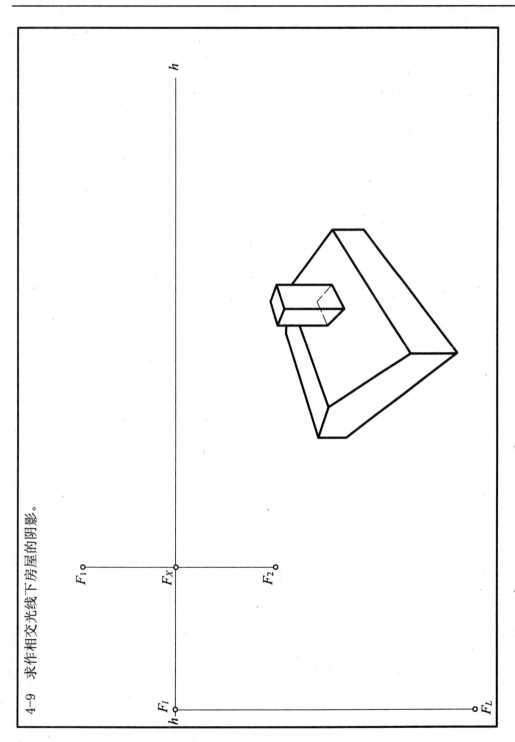

4-9 求作相交光线下房屋的阴影。

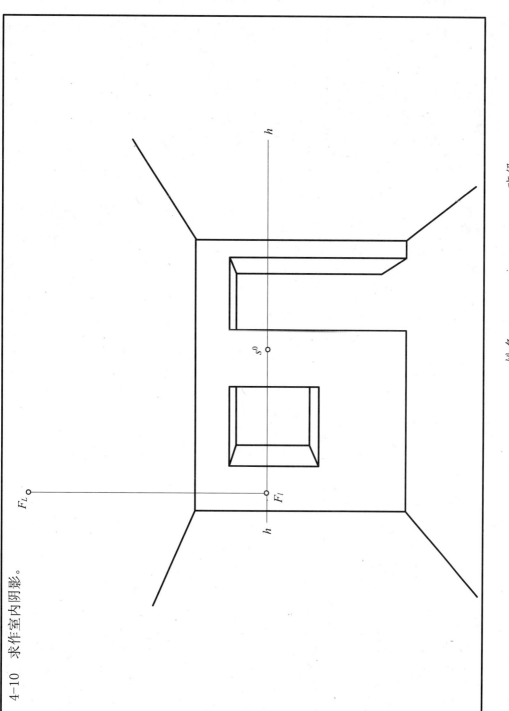

4-10 求作室内阴影。

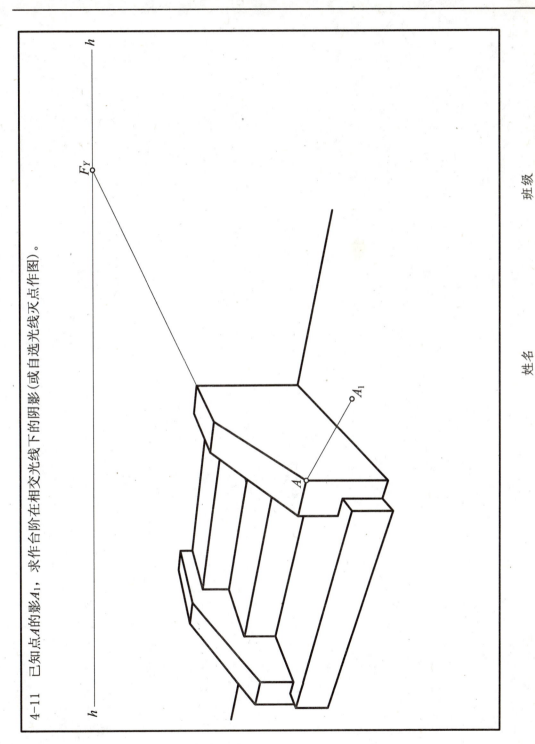

4-11 已知点A的影A_1，求作台阶在相交光线下的阴影（或自选光线灭点作图）。

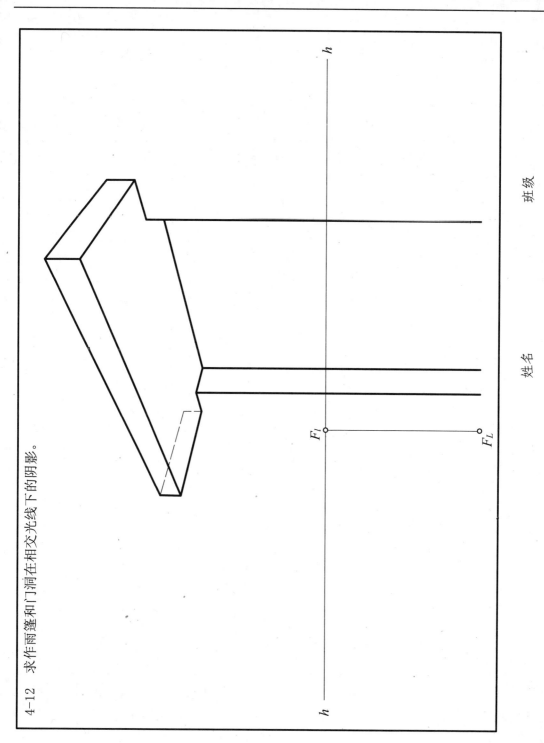

4-12 求作雨篷和门洞在相交光线下的阴影。

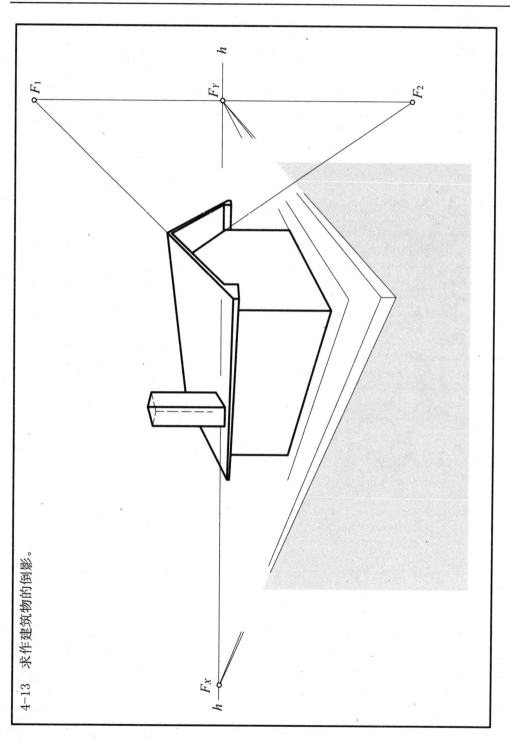

4-13 求作建筑物的倒影。

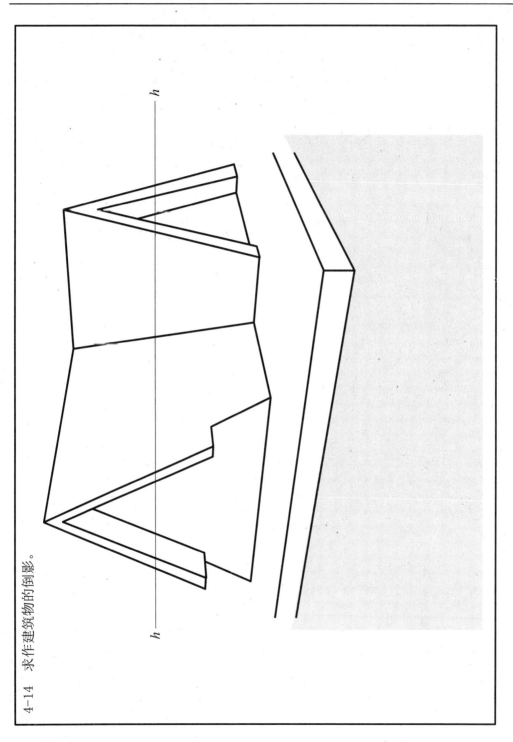

4-14 求作建筑物的倒影。

4-15 求作河岸建筑的倒影。

阴影与透视练习题 315

4-16 求作河岸建筑的倒影。

班级　　　姓名

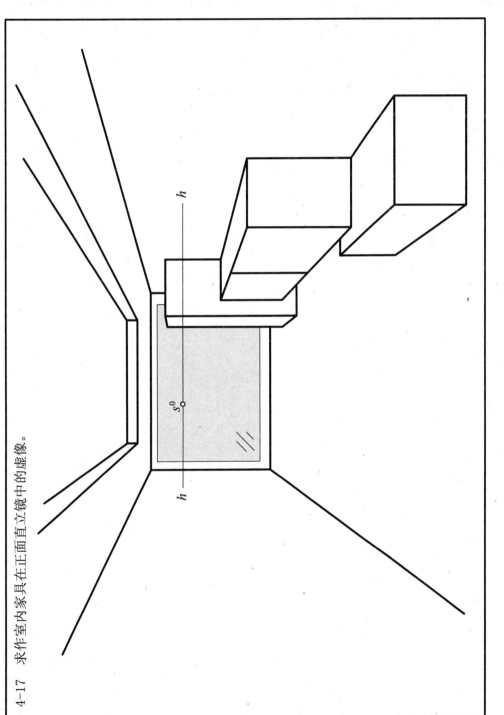

4-17 求作室内家具在正面直立镜中的虚像。

4-18 求作室内家具在侧面直立镜中的虚像。

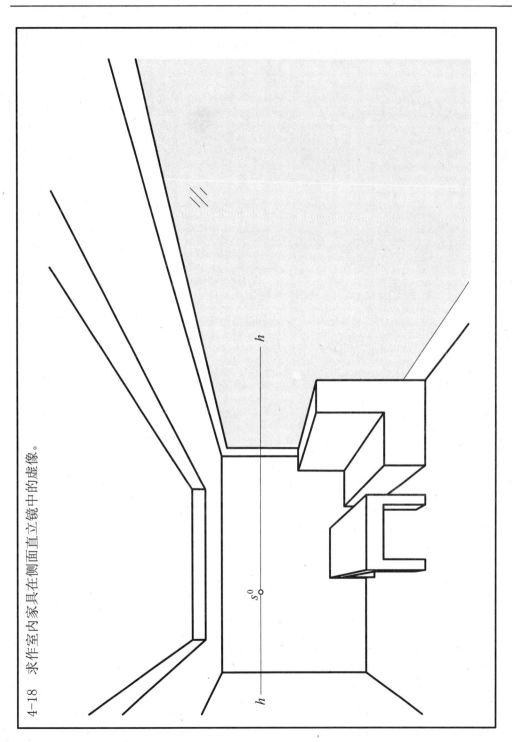

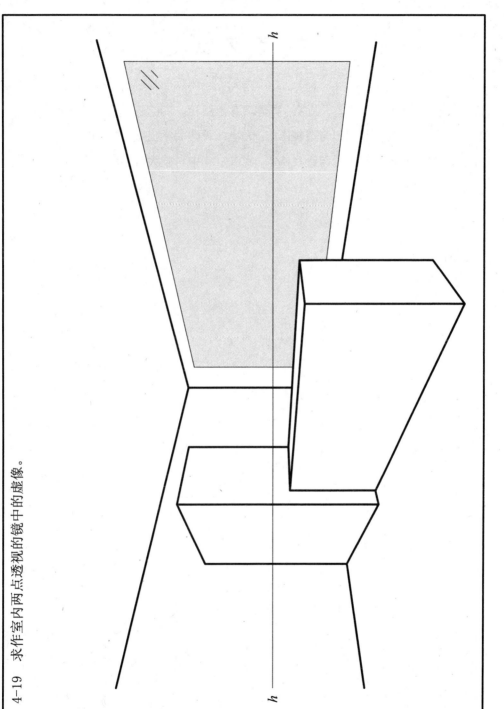

4-19 求作室内两点透视的镜中的虚像。

参 考 文 献

[1] 邓学雄. 建筑图学[M]. 北京：高等教育出版社，2007.
[2] 靳克群. 室内设计制图与透视[M]. 天津：天津大学出版社，2007.
[3] 王晓琴，贾康生. 阴影与透视[M]. 武汉：华中科技大学出版社，2005.